《科学传奇——探索人体的奥秘》系列丛书

神奇的催眠术

《科学传奇——探索人体的奥秘》
编委会　编著

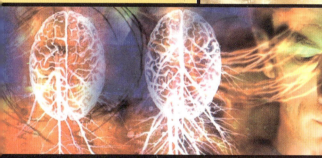

西南交通大学出版社
·成都·

图书在版编目（ＣＩＰ）数据

神奇的催眠术／《科学传奇：探索人体的奥秘》编委会编著. —成都：西南交通大学出版社，2015.1
（《科学传奇：探索人体的奥秘》系列丛书）
ISBN 978-7-5643-3691-2

Ⅰ．①神… Ⅱ．①科… Ⅲ．①催眠术－通俗读物 Ⅳ.①B841.4-49

中国版本图书馆 CIP 数据核字（2015）第 012684 号

《科学传奇——探索人体的奥秘》系列丛书

神奇的催眠术

《科学传奇——探索人体的奥秘》编委会　编著

责 任 编 辑	张慧敏
图 书 策 划	宏集浩天
出 版 发 行	西南交通大学出版社 （四川省成都市金牛区交大路 146 号）
发行部电话	028-87600564　028-87600533
邮 政 编 码	610031
网　　　址	http://www.xnjdcbs.com
印　　　刷	三河市祥达印刷包装有限公司
成 品 尺 寸	170 mm × 240 mm
印　　　张	13
字　　　数	211 千字
版　　　次	2015 年 1 月第 1 版
印　　　次	2017 年 8 月第 4 次
书　　　号	ISBN 978-7-5643-3691-2
定　　　价	28.00 元

前 言

在 19 世纪时，催眠术曾作为学术界与医学界的一个研究热点，但进入 20 世纪后的前 30 年间，人们对催眠术的研究逐渐减少。自从布莱德定义和解释催眠术后，催眠术在西方社会又开始风行起来。催眠术不仅在医学上得到广泛的应用，如止痛、消除失眠和进行心理治疗等，而且专门研究催眠术的人也越来越多。然而，学术界对催眠术的争论一直不曾间断过。

本书正是基于这一争论而编著，从催眠术的起源开始，讲述了催眠术大变身、解读催眠术、谁都可以被催眠吗、催眠的语言艺术、催眠的困惑等，系统地解读了神奇的催眠术，并展现了世界知名大师的经典催眠案例，带领读者进入光怪陆离的催眠世界，为读者拨开笼罩在催眠术上的重重迷雾。

本书最大的特色就是将催眠术这一神秘的内容通俗化、科学化。同时，本书还整理和记录了有史以来比较成功的催眠表演，为读者呈现了一部活生生的世界催眠史，满足了热爱催眠术的读者的探索欲望。

目录
Contents

Contents

目录

Contents

PART1

第 1 章

催眠术大变身

催眠术是什么？是睡眠？是科学还是超自然现象？在古罗马宗教仪式上，为什么僧侣能占卜、预知一切？在古希腊的神庙里，为什么僧侣能演变出不可思议的事情来？这些无法解释的奇妙之事就是古代的催眠术，它们却被认为是神的旨意……长久以来，没有人相信这些迷信的、骗人的把戏。催眠术一直是被人不齿的"灰姑娘"……

上古的"神托" >>

※ 古希腊药神阿斯克勒庇俄斯

　　催眠术缘何而来？是科学还是超自然现象？它到底是什么，和睡眠有关系吗？和其他许多实物的发展进程一样，催眠术历史悠久。早在远古时期催眠术就产生了，不过那时它并不是一门科学，也不叫"催眠术"。人们运用催眠术的目的不是为了治病、修身，就是为当时的统治阶级服务。所以，那时的催眠术大多掌握在神职人员、僧侣、酋长和首领手中。

　　古希腊有一种叫"睡眠神庙"的建筑。当人们患病时都会来这里求医问药，只要患者躺在神庙休息就会在梦中发现治疗疾病的方法。当时，古希腊供奉阿斯克勒庇俄斯的神庙是最受欢迎的神庙。据说，阿斯克勒庇俄斯是一位有高超医术的杰出的医生，

阿斯克勒庇俄斯

　　阿斯克勒庇俄斯除了受到古希腊人的爱戴之外，也受到古罗马人的尊崇，他们甚至把他当做神一样来顶礼膜拜。每当祭祀的时候，古罗马的僧侣们为了替教徒们消灾祛病，就在神庙里进行自我催眠，做出种种怪异的举动。他们经常会在一种失神的状态中回答教徒们的问题，并进行占卜、预言，而且这无一例外地准确、灵验。此外，僧侣们还为虔诚的教徒举行集体催眠。这样教徒们昏昏欲睡的时候就可以接到"神灵"的旨意，看到"神灵"靠近自己。这种现象除了古罗马，古希腊、古埃及都有。在古希腊的阿波罗神庙里，僧侣们也是这样用催眠术导演着不可思议的事情：饿得身心俱疲的僧侣在早已挖好的洞里吸收翻滚的、充满硫黄味的蒸汽，随即在迷迷糊糊中发出种种预言和怪异的举动。因为人们无法解释僧侣们不俗的举动和灵验的预言，所以就以为是神灵附体了。这就是古代的催眠术——"神托"。

因此，他受到希腊人的尊敬和爱戴。据说，一个瞎子和一个聋子不顾艰难险阻到神庙求助。在睡梦中，他们面前出现了一个神，而且分别给他们熬了一些药草涂抹在相应的地方。一觉醒来，瞎子重见光明了，聋子也恢复了听觉，甚至可以听到远在千里之外的鸟鸣。

古埃及的医书中写道：医生只要把手往病人头上一放，顽疾就立刻消失了。这种"神托"的神秘现象除了在古埃及的医书中有记载外，在《圣经·新约》里面也是有记载的。《圣经·新约》里是这样写的：耶稣出生的当天，仅举手投足间就治愈了疾病。据说，古希腊的国王伊庇鲁斯王皮拉斯也有这样神奇的本领，他只要用大脚趾碰一下病人，就可以治好他们的疾病。

除了在西方盛行的"神托"，在古代的东方，这种传说也是不胜枚举的。在印度婆罗门教中，有一种"打坐"就是自我催眠。后来，这种方法还成了人尽皆知的"坐禅"。在中国古代，那些江湖术士惯用的占卜、神游地府等伎俩也是借助于催眠的力量让人产生幻觉。中国古代文献有记载说，相传周穆王时期，从西域来的人都会为他人排忧解难、贯穿金石、在水火中来去自如等。

上古的这些"神托"现象往往夸大其词，我们不能草率地把它当成催眠术；虽然那时不存在催眠概念，但是催眠现象的存在是毋庸置疑的。这些"神托"现象就是利用暗示力量，让病人对自己会被治愈深信不疑，正是这种信念帮助病人进行自行疗伤。

※ 古希腊神庙。在古希腊，患病者经常到睡眠神庙里求医问药

从占星术说起 >>

CONG ZHANXINGSHU SHUOQI

※ 占星图。动物磁气术渊源于占星术

上古时代的催眠术只是些神话的遗留，没有太多的科学依据，所以说，现代催眠术的发展绝不是上古时期催眠术的传承。就目前一般意义上的催眠术而言，其最初形成于18世纪的欧洲，历史源头可追溯到中古时期的动物磁气术，也就是麦斯麦术。而动物磁气术渊源于占星术，因此，我们还得从占星术说起。

15世纪后期，人们对催眠术的理解，逐渐从神力的影响转为天体星相对人体内体液的影响，从而开始注意到物与物之间的关系。尽管不符合科学的原理，但能从神的桎梏中解放出来，这对催眠术的认识是一大进步。那时的德国，盛行占星术。

天星如何会影响人体的呢？

※ 占星盘

占星术

占星术是一种以观测星体位置及运行变化，对现世及未来作出解释和预测的一种方术，它是以天星影响人体作为其理论基础的。

早在1462年，就有占星术家提出星与星相互间有启动他物的能力，对人亦然；而宇宙中各种奇异现象、人的精神上的治疗也不例外，都是受了天星影响。因此，催眠之中出现的各种神奇现象都是受天星作用的结果。

生于瑞士的医生、科学家和炼金学家帕拉赛索斯认为，整个宇宙充满着"磁气"，人体内的磁气是天星所赋予的，因而，人体与天星相互间能产生影响。也就是说，人类的生存，不仅要靠摄食以取得营养，更要依赖磅礴宇宙的磁气来滋润。他还认为，星与星之间、星与人之间通过磁气产生影响，而人与人之间也能通过磁气相互影响。不仅如此，他还提出，一个人的意志启动他人意志、从而征服他人意志则是通过这种磁气作用，它能浸入到一切物体之中，发挥作用，甚至是相隔较远的物体也能相互影响。一个人的想象力则具有一种支配远隔物体的不可思议的力量，从而解释了远距离催眠的原理。

　　所谓的"占星术"，实质上是认为可以利用星体之间、星体与人体之间、人体与人体之间的磁气、磁力或磁场的相互影响，来预测未来和治疗疾病的一种技术。问题的关键便落到磁气说上。

※　无垠的宇宙。有科学家认为，人类的生存要依赖磅礴宇宙的磁气

动物磁气说 >>

DONGWU CIQISHUO

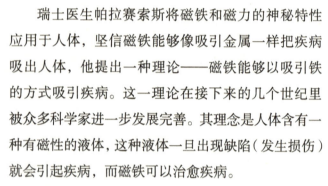

瑞士医生帕拉赛索斯将磁铁和磁力的神秘特性应用于人体，坚信磁铁能够像吸引金属一样把疾病吸出人体，他提出一种理论——磁铁能够以吸引铁的方式吸引疾病。这一理论在接下来的几个世纪里被众多科学家进一步发展完善。其理念是人体含有一种有磁性的液体，这种液体一旦出现缺陷（发生损伤）就会引起疾病，而磁铁可以治愈疾病。

罗别鲁提夫兹多曾于 1640 年发表了磁气说。他认为，天星的影响无处不在，世间任何一种物体，都受天星的影响，人也受其影响存在磁气力。人之所以有力量，就是因为人体积蓄了足够的磁气力。若是磁气力减少、虚耗时，人就会病魔缠身；磁气消失殆尽时，意味着人的生命终结；当磁气通过什么途径或自然恢复到一定程度时，疾病也就自然消失了，人又恢复了以往的精力。这跟我们先人提出的元气说相似。

麦克斯米伦·海尔神父将医生帕拉赛索斯的观点发扬光大。海尔神父还是一位杰出的科学家，在天文方面卓有成就，后来成为当时奥匈帝国首都维也纳皇家天文台台长。他对帕拉赛索斯的磁铁治疗理论有着极大的兴趣，并为此深深着迷。与此同时，人们在 18 世纪中叶发现磁铁可以人工合成，这也促

进了人们对磁铁疗法兴趣的高涨。在探索中，海尔神父发现，在病人周围以各种方式摆放磁铁或者让病人喝下含有铁的液体，可以治愈或缓解很多疾病，其中包括他自己所患的风湿病，这一发现让海尔兴奋不已。尽管海尔似乎在治疗方面取得了巨大成就，然而 18 世纪，自我任命的专家和术士们无所不在，他们都声称自己可以使用磁铁和磁性等大量稀奇古怪的技术治疗患者。若不是另一位维也纳医师于 1774 年前来拜访的话，麦克斯米伦·海尔就不会在催眠史上占有一席之地了，也就不会被世人所牢记了。这位拜访者是谁呢？他就是奥地利人弗兰茨·安顿·麦斯麦。至此，现代催眠术才拉开序幕。

　　就像人们所说的，正式以治疗为目的的催眠术的开端，也是与伪科学有所瓜葛的，那就是麦斯麦术。我们大多都听说过"mesmerizing（实施催眠；迷

※　维也纳皇家天文台。麦克斯米伦·海尔神父在天文方面卓有成就，曾担任维也纳皇家天文台台长

※　弗兰茨·安顿·麦斯麦

※ 作曲家沃尔夫冈·阿玛迪厄斯·莫扎特使麦斯麦一家步入了上流社会

动物磁气说

"动物磁气说"认为，在天地宇宙之间充满着一种磁气。一切生物都依靠这种磁气的养育。人类经常从星星中接受这种磁气。麦斯麦推论，既然人们要依靠这种磁气的哺育，那么这种磁气的力量也会使一切疑难杂症烟消云散，使人们康复如初。

麦斯麦做过磁力对人体影响的实验，在实验中，他发现磁力常能引起病人意识恍惚，病人在迷糊中却能听从指令，也就是现在所说的催眠状态。于是麦斯麦坚信，疾病是由于人体内的磁流不畅、出现阻塞而引起的。他尝试使用磁铁来对病人体内的磁流施加影响，使人体内的磁流趋于平衡，疏通阻塞，治愈疾病。这就是麦斯麦的"动物磁流"学说。

惑的）"和"mesmeric（催眠的；迷人的）"这两个单词，它们都得名于弗兰茨·安顿·麦斯麦（Franz Anton Mesmer）。

1734年，麦斯麦出生于靠近奥地利的康士坦茨湖畔的伊治兰镇（Iznang）（今天德国和瑞士交界处），当时此地为德国占领区，故后来有人称其为德国人。年轻的麦斯麦先后攻读了神学、哲学和法律，最后致力于医学，获得博士学位，并在此领域成就了他一生事业的功名。1765年，麦斯麦毕业于赫赫有名的维也纳大学医学院，开始在维也纳行医，这位年轻的医生对行星和潮汐等自然现象饶有兴趣，对占星术更是深得其中三昧。

起初，麦斯麦在维也纳是一名普通的医师，他与一个富有的寡妇成婚，生活充裕而温馨。不久他结识了年轻早熟的作曲家沃尔夫冈·阿玛迪厄斯·莫扎特，凭着这层关系，他和妻子步入了上流社会。然而这样富足安逸的生活并没顺顺当当延续下去。

1774年的一场风波改变了麦斯麦的生活。他的一个病人弗朗西斯卡·奥斯特琳，这位29岁的妇女身患痉挛性疾病。这种疾病通常属于"精神错乱"。她的症状是血液涌入头部，耳朵和头感到剧烈疼痛，接着伴有胡言乱语、狂暴、呕吐和昏厥，对常规治疗毫无反应。在治疗了一段时间后，病人病情仍旧毫无好转，医生自己也是束手无策。这时候，同时代的医师麦克斯米伦·海尔神父使用磁铁和磁性的技术来给病人治病，收到了意想不到的效果，好奇心大作的麦斯麦登门拜访了海尔神父，观看了神父的磁气治疗法后，他立即被这种神奇的治疗法所吸引，回来后他决定尝试海尔神父的非正统治疗方法。在这位妇女的一次发病中，他让其喝下几杯含有铁的液体，然后将3块磁铁放到病人的腹部和双腿上，同时让病人安静并把注意力集中在"磁气"的积极作用上。不久，她的症状就减弱了。当她下次又发病时麦斯麦对她实施了另一个疗法，也获得了类似的效果。在治疗过程中，先前病入膏肓的病人病情逐渐减轻，最后居然重获健康。

这一治疗成果让麦斯麦欣喜若狂，他深信自己发现了磁性的力量。他曾写过一篇《关于行星给予人体影响》的论文。在文中，他将早先广为流传的"动物磁气说"发扬光大。

※　麦斯麦

麦斯麦的治疗室很特别，光线朦胧，墙壁上安装着许多反光镜，自始至终有背景音乐伴随，他的这一新型治疗方法治愈了许多病人，麦斯麦因此一举成名。由于前来就诊的病人急骤增多，麦斯麦感到个别地使用磁石治病费时太多，已不能满足众多病人的要求。因此，他创造了使用磁气桶进行集体治疗的方法。他在一间光线昏暗的房间中央设置了一个金属桶，在桶内盛满磁水、铁屑等物，桶顶放置一根发亮的铜丝，病人围磁气桶而坐，各人握住金属桶柄，或用发亮的铜丝触及到患痛部位。同时麦斯麦暗示病人，会有一种强大的祛病去痛的磁气通过铜线传到你的躯体，从而使疾病痊愈，身体康复。一切准备就绪以后，丝竹声起，麦斯麦身穿带大摆的紫红色长袍飘然而至。他挥舞着短棒，从一个患者走向另一名患者，在众多的患者之间来回穿梭，

※　麦斯麦的磁气桶

※ 麦斯麦集体治疗实验图

每走向一名患者，他都用短棒在患者身体上方来回运动，或用手指触摸患病部位，有时也用磁石触及患者。有时他对病人说"睡吧睡吧"，那人能立即睡去，或者他用双手在病人身体附近不时移动，一段时间以后，患者就进入到麦斯默所说的"临界状态"——患者忘却了自我，大笑大闹，大声喊叫，还有些人激烈痉挛或昏睡过去，全然忘却了自我。此类歇斯底里的反应状况，麦斯麦认为是患者所经历的"危机临界状态"，就是疾病的转机。一阵兴奋过去以后，麦斯麦开始唤醒病人，病人就会恢复原来的清醒状态。他让病人站起，治疗便告结束。这时候病人的疾病就已经消除了。

这种奇特的治疗方法确实功效显著，赢得了社会人士热烈的赞赏和欢迎，人们甚至把"动物磁气疗法"称为"麦斯麦术"。然而麦斯麦的理论在维也纳未得到承认，反而受到维也纳医学界的嫉妒，被诋毁为邪术、巫术。"麦斯麦术"受到严重攻击。

后来发生的一起治疗事件，让麦斯麦不得不远离维也纳上流社会，背井离乡。

麦斯麦这次的患者身份比较特殊，她是维也纳的一位叫做玛丽亚·特丽莎·帕拉迪斯的宫廷乐师，是一位贵族的女儿，当时年仅18岁。凭着出色的歌喉和精湛的钢琴表演，玛丽亚深得奥地利皇后的宠爱，在宫廷有着一席之位。可惜她从小双目失明，这不能说不是一个遗憾。在众多知名医师试图为她恢复视力都以失败告终后，小有名气的麦斯麦于1777年开始为她治疗，依旧是"动物磁气疗法"，依旧是那套工具！这种治疗似乎有些成效，据麦斯麦所说，她的视力的确有所恢复，依稀可以感觉到一些光亮。

※ "麦斯麦术"出现以后，巴黎城为之轰动，连法国皇后玛丽·安托万内特也热衷于此道

这对于医生和患者来说，无疑是个大的惊喜。然而，很不幸的是，玛丽亚眼睛视力虽然有所恢复，但是她失去了平衡的行走能力，麦斯麦也无法解释为什么。那些之前医治无效的医生们大发嫉妒，他们担心麦斯麦的治疗成果会影响他们的声誉。于是互相勾结，设计怂恿玛丽亚的父母将女儿带离麦斯麦的看护，玛丽亚的父亲闯进麦斯麦的诊所，强行带走了玛丽亚。结果，由于中断治疗，再加上受到较大的刺激，玛丽亚再次陷入完全失明的

状态，然而她的双眼没有任何的外在损伤。那些医生又开始制造声势，借机要求对此事进行调查。调查持续了 3 年，最后的结论是麦斯麦是维也纳的危险分子。他必须在两天内离开维也纳。陷入尴尬困境的麦斯麦不堪舆论指责，被迫离开维也纳。

1778 年，郁郁不得志的麦斯麦来到欧洲的文化中心——巴黎。在这里，他把自己的理论变为实践，运用被后人称之为"麦斯麦术"的方法，为人们治疗疾病。

"麦斯麦术"出现以后，巴黎城为之轰动，上流社会的妇女更是奔走相告，名门望族（尤其是妇女）成群结队地登门造访，甚至连当时的法国皇后玛丽·安托万内特也热衷于此道了。

麦斯麦开始当众进行表演，在社会上更是引起了不小的轰动。除此之外，对许多患疾的穷人，他还免费提供医疗服务。他甚至通过"麦斯麦术"帮助妇女缓解分娩带来的痛苦，这在医学史上无疑是个大的突破。这期间，麦斯麦发表了大量关于"动物磁气说"的学术著作证实自己理论的科学性，并继续用他的通磁技术为人们治病。可以说，在法国，麦斯麦的声誉一度达到登峰造极的地步。麦斯麦曾经认为法国首都是孕育他那特殊理论的肥沃土地。但是危机早就潜伏在他的周围。麦斯麦的病人几乎都是女性，而后期麦斯麦的主要疗法就是用手抚摩病人，因此，这一举动让他

※ 在麦斯麦的声誉登峰造极之时，他的身边早已危机四伏。图为麦斯麦术治疗场景

THE MAGNETISM

© 2005
Frederick Burwick
and Paul Douglass

招致了许多非议，他的动机遭到怀疑。当然，科学界的权威们也并不信服，仍然对他的医术持怀疑态度，医学机构更是对麦斯麦术深恶痛绝。当然，这些人对麦斯麦术的反感和不满，除了部分怀疑，还有很大程度的嫉妒成分在其中。

※ 关于动物磁气说的讽刺漫画

　　麦斯麦古怪奇异的理论再次让他惹祸上身。据说法国政府提出过用很大一笔钱交换麦斯麦的秘诀的提议，但是被他拒绝了。名噪一时的"麦斯麦术"引起了广泛的注意。1784年，国王路易十六组织了一个皇家科学委员会对麦斯麦进行彻底调查。调查主要从两方面着手展开，一是麦斯麦曾经的工作，二是设计了相应的实验检测磁石对人身体到底有无医疗作用。其中的一个试验，就是让一个人饮下一杯"被催眠过的水"，结果什么也没有发生，其他坐在催眠树下的人也没有任何反应。调查结论是：麦斯麦术是一场骗局，所产生的治愈疾病的效果并不是由于磁气的作用。因为磁石似乎尢任何医疗作用，麦斯麦的治疗方法无科学性可言。

　　毫无疑问，磁气本身根本不可能治愈任何疾病，患者们之所以能够康复如初，完全是由于自我暗示的缘故。麦斯麦正是利用人类易受暗示的心理特点，用这一奇特的方法诱导患者，使得牢牢压抑着患者的潜意识心理被释放出来，通过疏导作用来达到治愈疾病的目的。

由于当时的认识水平，人们认识不到自我暗示的强大力量以及生理与心理之间相互联系、相互影响的密切关系。因此，法兰西科学院宣布麦斯麦术是一种江湖骗术，毫无科学根据，动物磁流根本是子虚乌有。法国国王路易十六对此也很反感，并认为这些东西伤风败俗，从而下令把麦斯麦赶出法国。这一诋毁性结论给了麦斯麦重重一击，无情的指责铺天盖地而来。

这位医生只能说是时运不济，再次遭到了科学界的唾弃之后，他被迫离开巴黎，踏上了旅行之路。他

※　麦斯麦术

仍然坚信自己的理论，间或为他的邻居做一些治疗，可惜"骗子"和"江湖骗术"的帽子戴在他头上，他再也无法向科学界证明自己的价值。尽管曾经那么辉煌，但是毕竟是过去式。麦斯麦的后半生是那么的平淡，是那么的默默无闻。他于1815年在家乡附近的小村庄抑郁地结束了自己的一生。

尽管医学界对"动物磁气说"和"麦斯麦术"几近深恶痛绝，试图将其赶尽杀绝，但社会上很多人却对19世纪中期进行的一些麦斯麦术表演深深着迷。确实如此，1851年在英国被称为"麦斯麦狂热"年。借助于铺天盖地的书籍、宣传册、报纸、杂志报道

以及舞台表演秀，从19世纪30年代到50年代初，的确出现了人们对催眠兴趣暴涨的现象。麦斯麦术的表演者们游遍全国各地进行表演，所到之处，受到观众们的热烈响应。英国作家如查尔斯·狄更斯对此啧啧称赞，而作家夏洛蒂·布朗特还曾经接受过催眠。

尽管没有证据能够支持麦斯麦的"动物磁性说"，但他的治病成功率却是非常高的。很多病入膏肓的人聚集在他的治疗中心。对他的成功，唯一的解释是他的病人都一个一个地被他"催眠"，期望并相信他们会被治愈。磁性说可以算是催眠暗示领域的先驱。

希腊睡眠之神 >>

XILA SHUIMIAN ZHI SHEN

麦斯麦固然是催眠史上最为注目的名字，但正确地说催眠的时代应该是从外科医生詹姆斯·布莱德（James Braid）的工作开始的。

布莱德是英国曼彻斯特的一个外科医生，他具备了麦斯麦所不具备的一切。他头脑冷静、实事求是，条分缕析地进行系统化科学研究，不为表演技巧或夸大其词所动摇。布莱德也知晓动物磁气术，不过他对此并不看好而是持完全怀疑的态度。有一次，麦斯麦的弟子法国磁气学家拉夫坦恩到英国旅行，并做通磁术表演。布莱德去观摩，他用挑剔的、蔑视的态度想从中找出欺诈骗局，但拉夫坦恩施术的过程无懈可击，他未发现有任何破绽。这个法国术师使其追随者陷入了深深的恍惚中，而其施术过程中所呈现的奇异现象反而引起布莱德的注意。这时候他开始半信半疑，并深信其中确实存在着值得研究的科学现象，尤其是从拉夫坦恩

※ 詹姆斯·布莱德画像

的催眠麻醉和眼睛僵直状态中，布莱德看到了在催眠麻醉下做外科手术的优点。

通过后来多次的观察，布莱德觉得受术者的闭目现象是由于视神经疲劳所致，他认为这其实是一种人为的催眠现象。为了证实自己的推论，他在家里对自己的亲人和朋友们进行了实验。他用一个盛了水的玻璃瓶充当发光体，放在被试者

※　昏昏欲睡

的前面，叫他们专心凝视。过了不久，这些人开始昏昏欲睡，引出了不自然的睡眠，所发生的状态与磁气受术者发生的状态相同。经过反复实验观察，他发现被试者的眼睛总是紧闭不能睁开的，这一发现让他大为兴奋，他相信自己的推论正确。他认为，在受术者身上发生的一切，并不是磁气的作用，而是由于受术者主观的意志引发的一种人为的睡眠，也叫主观睡眠现象。仅在拉夫坦恩表演后的几个星期，在同一舞台上，布莱德给热衷于麦斯麦术的人们表演了他以注视法而引起的"神经性睡眠"，诱发了拉夫坦恩用磁气术演出时的那些现象。表演完后，布莱德就向人们大声斥责麦斯麦术，他认为麦斯麦术的特征完全是主观的，不依赖于施术者所具有的任何魔力。从此，他否定了动物磁气说，并积极倡导"视神经疲劳学说"，从而打破了几千年来对催眠现象的不科学的解释，超越了从前动物磁气说的暧昧理论，具有划时代的意义。

布莱德认为催眠现象是一种特殊的类睡眠状态而非磁的原因，是视神经疲劳后引起的，没有任何神秘的地方。这只不过是被催眠者的眼睛长时间的凝视，

从睡眠到催眠术的衍变

Hypnos（睡眠）是希腊文，原始起源于4 800多年前古希腊神话中的第三代主管——快乐与自在的睡神，也代表最基本的生理元素之一——睡眠。因为能够安稳睡觉的人才是真正快乐与自在的人，不能睡觉的人是痛苦或即将面临死亡的人，因此Hypnos也称为"睡神"。从此，人们将"麦斯麦术"改为催眠术，这一术语一直沿用至今。

※ 希腊睡神西普诺斯头像。布莱德创造的"催眠术"一词就来源于古希腊"睡神"一词

或者思想上、观念上的凝注诱发的状态，关键就在暗示。他认为催眠与睡眠的关系非常密切，为此，他在1842 年提出根据希腊文 hypnos（睡眠）创造了英语单词 hypnotism（催眠术）。

布莱德对催眠术积累了丰富的经验，1843 年发表《神经性睡眠论》，提出催眠状态的几个阶段和对神经症的治疗作用。1850 年催眠术已作为麻醉方法应用于外科手术中，被称为"催眠麻醉术"，代替药物麻醉进行手术，曾风行一时。

布莱德还发明了一种发光的小器械，病人集中精神凝视此发光物，医生就可以顺利进行暗示诱导，这就是今天催眠术界广为使用的催眠水晶球。尽管布莱德是一位备受尊敬的医师，他的催眠观点却并没有在英语国度里被立即接受。后来他的观点在 19 世纪大大影响了一些国家心理学的发展进程，布莱德关于催眠的文献也被翻译成 165 种语言及方言。他被认为是现代催眠术的创始人，是尝试对催眠现象进行科学解释的第一人，而且他在晚年将催眠术的研究深入到心理学。可以说，布莱德是催眠发展历史上的一位重要人物。之后，许多人沿用布莱德的思路研究如何改进催眠技巧，进而又出现一些不同的催眠方式。

※　催眠师对人进行催眠

灰姑娘变公主 >>

HUIGUNIANG BIAN GONGZHU

※ "南锡学派"的创始人希波列特·伯明翰

任何事物的发展都不可能是一帆风顺的，同样，催眠的发展经历了漫长曲折的过程，几经兴衰。

19世纪催眠术曾作为学术界与医生界的一个研究热点，但进入20世纪后的前30年间，人们对催眠术的研究逐渐减少。

自布莱德定义和解释催眠术后，催眠术在西方社会风行。不仅催眠术在医学上得到广泛的应用，如开刀止痛、消除失眠和进行心理治疗，而且从事专门研究的人也多了起来。然而学术界对催眠术的争论一直没断过。在法国，南锡派和巴黎派之间的争执在19世纪中后期闹得沸沸扬扬。

1860年，布莱德的一篇研究论文在巴黎的一次科学聚会上宣读。当时在场的有一位名叫利保尔特的医生。利保尔特亲手试验了布莱德论文中描述的催眠方法并发现了其有效性。事实上，这位医生发现若把言语性暗示和长时间凝视结合起来，能使大多数的被试者进入催眠状态。在他看来，催眠时，被催眠者的主观因素有重要的作用，在他的治疗过程中，深度恍惚并不是必需的。他常采用快速催眠法，即通过十几分钟的快速催眠暗示就能将被试者诱入催眠状态，产生疗效。这种催眠方式与现代催眠手段极为相近。然而利保尔特住在巴黎东北部靠近南锡的一个小村庄里，基本上默默无闻、毫无声望。为了将自己的发现公之于众，1866年利保尔特出版了《类催眠论》一书。然而，这本书在数年之中仅仅卖出一本，在随后的20年内，此书几乎无人问津。利保尔特对催眠学作出的巨大贡献似乎要永不为人所知了。

买走利保尔特那本书的人就是南锡大学的一位知名医学教授，他被利保尔特的观点深深吸引，并肯定其催眠暗示理论。这位教授就是希波列特·伯明翰（Hippolyte Bernheim）。后来，利保尔特和伯明翰协同生物学界、法律界与医学界的许多学者，共同研究催眠术，形成学术上的"南锡学派"。两人也就成了"南锡学派"的创始人。他们相信催眠更加倾向于心理反应，而非生理，暗示的力量至关重要。两人还坚信在医生与患者之间建立亲和关系的重要性，这与很多现代催眠学家的观点不谋而合。

马丁·夏科特是巴黎的一位神经外科医生，1978年，他开始研究催眠术。在研究时他发现，癔症（歇斯底里症）的许多症状，如瘫痪、耳聋、失明，都可以用催眠的方法诱发，并且可以消除。于是他认为，催眠状态与癔症有着密切的联系，只有歇斯底里的人才可能被真正地催眠。夏科特与巴黎有名的生物学家李奇等人一起研究催眠术，形成了历史上著名的"巴黎学派"。

南锡派主张"暗示学说"，认为催眠术所产生的现象是受术者接受了施术者的"暗示"而引起的一种反应。南锡派还改革

※ 伯明翰的催眠实验

了布莱德的凝视法。他们认为，根据暗示理论，只用纯粹的言语性暗示，便可令被催眠者进入催眠状态。南锡派的"暗示说"侧重于催眠时被催眠者的心理效应，故为被更多的学者所认同，在催眠史上产生了重大的影响。而巴黎派认为，催眠状态实质上是人为诱发的一种歇斯底里症，能被催眠者都具有精神病的病理基础。巴黎派的代表认为夏科特结合自己运用催眠术给病人治病的经验，指出催眠术是病理性神经活动的产物，是人为地诱发被试者的歇斯底里发作状态。夏科特的学说遭到了学术界的批判，因为他是以神经病或精神病患者为研究对象的。由于夏科特精神病理的学说不合理，巴黎派逐渐退出了历史的舞台。

※ 弗洛伊德像。由于弗洛伊德对催眠术的摒弃，20世纪前半期，催眠学的发展再次陷入低谷

19世纪后叶，虽然精神病医生用催眠术治疗了许多神经症患者，对一些精神病患者的治疗也取得了不同程度的成功。但随着麻醉药的出现，医学界慢慢抛弃了催眠术，因为麻醉药使用起来更快速和方便。此外，随着精神分析法的完善，弗洛伊德感到他不再需要催眠术了。因为催眠需要较长的时间，而且并非所有的人都能进入同样深的催眠状态。弗洛伊德还感到，催眠很难作为一种科学被人们所接受。最后，他也遗弃了催眠术。毋庸置疑，弗洛伊德的选择对催眠学的发展不亚于重重一击。正是由于名望甚高的弗洛伊德后来将催眠学摒弃于身后，他的众多追随者们也不可避免地将催眠学弃于一旁。催眠的运用便急转直下，跌落低谷。催眠学在大半个20世纪里，在科学界曾一度跌入谷底。

由于弗洛伊德反对催眠术，20世纪初期，科学界对催眠学的兴趣与日递减，甚至有很多科学家对催眠学嗤之以鼻，只有少数医学专家们依然孤军奋战。催眠术不再被用作理解大脑技能的工具，也不再被用来治疗患者。将催眠术继续保存在公众想象中的是杂耍艺人、舞台表演者和通俗小说作家。催眠术在历史上又一次被杂耍艺人和表演术师们用来哗众取宠，而科学再次将其拒之门外。直到今天，舞台催眠师们仍然坚称是他们的祖先在 19 世纪末 20 世纪初维持了催眠学的生命。

不过，仍然有一些医学专家们一如既往地支持催眠事业的发展，其中一位是法国人皮埃尔·简列特（Pierre Janet）。他认为，大脑在催眠中被分离，即分裂为意识和潜意识，而在深度恍惚中，后者实施有效控制。简列特认为一个人遇到的问题可以被强迫进入他或她的潜意识中，出现癔症症状。这个观点以及简列特的潜意识理论都与弗洛伊德的理论很相似。与其同时代人不同的是，简列特依然相信催眠的作用。1919 年，他不得不伤感地接受催眠被忽略的现实，但却正确地预言道：催眠终有一天会再次成为严肃科学的研究领域。

进入 20 世纪 30 年代，情况忽然发生了重大变化。实验心理学家作为一支新的生力军加入到对催眠术的研究行列中来了。事情的转机是从 1933 年开始的。美国耶鲁大学心理学家克拉克·赫尔出版了《催眠与暗示：实验研究》一书，书中列举了 102 个有价值的研究课题如催眠感受性与职业、疲劳、困倦、药物、情绪和抵抗等的关系，催眠在戒烟、镇痛等方面的原理，究竟有哪些因素间接影响催眠，等等。此书以一

※ 美国耶鲁大学心理学家克拉克·赫尔在催眠历史上功不可没

〈23〉

种明确的方式说明了催眠术是科学研究的一种合适的课题。该书的出版标志着美国成了科学催眠术的研究中心，催眠术在美国进入实验室研究阶段。可以说，此书为催眠术走出传统进入受人重视的阶段作出了很大的贡献。

不仅如此，赫尔在催眠历史上还有一桩功绩值得称道：他激发了一个学生的兴趣。这个学生就是米尔顿·艾瑞克森——美国催眠学界的泰斗，20世纪最著名的催眠学家。艾瑞克森认识到了无意识心灵具有巨大力量，而且催眠术可以用于对无意识施加影响。他所具有的人格魅力以及对催眠术的成功运用使催眠学在20世纪重见天日，再次盛行。

催眠术作为暗示技巧确定下来后，便被纳入心理方面的范畴，应用在医学领域。在第一次世界大战期间，残酷的战争使包括歇斯底里在内的神经症患者人数剧增。这种局面使弗洛伊德的精神分析与催眠术结合起来，使患者的恐怖情绪得以宣泄，但是占主流的仍旧是弗洛伊德的精神分析。第二次世界大战以后，催眠术的应用和研究得到了很大发展，由于对战争神经症患者进行的催眠治疗的效果良好，催眠治疗的地位得以大大提高。1949年在美国成立了"临床和实验催眠学会"。1955年和1958年美国医学会等机构先后对催眠术进行了认定。美国医学学会宣布它是安全的，没有

※ 二战后，催眠术的应用和研究得到长足发展，美国医学会等机构甚至允许持执业资格证书的催眠师对患者进行临床治疗。图为某催眠师的资格证书

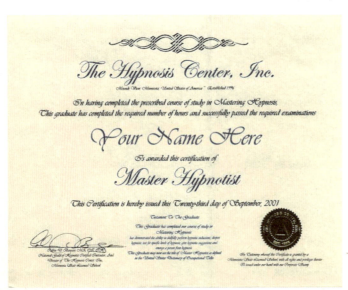

任何有害副作用，并允许在精神医疗的临床中使用催眠术，同时制定了催眠术的资格制度。此前三年，英国医学学会也做过类似声明，证实催眠是一个有用的医疗工具，可用于治疗精神神经病、缓解病痛。同时，美国和其他地方的众多医院也纷纷开始使用催眠缓解病人疼痛，并帮助病人适应其他治疗方法，比如化学疗法。

1949 年后，催眠术研究有效地开展起来了，催眠术在美国以及一些西方国家成为一门正式职业发展起来。正是实验心理学家们的介入，使得人们对催眠术的研究与探索步入了一个新的层次。可以说，实验心理学家对这个领域的研究带来一场彻底革命。正是通过试验，人们对催眠的认识发生了许多改变。实验心理学家们的努力，加深了人们对催眠的认识。

20 世纪后半期，催眠的医疗应用越来越普遍。21 世纪来临时，催眠术已经走过了漫长的发展道路。而如今催眠学不仅已正式成为一个合法的科学研究领域，还是一个宝贵的治疗工具。每天，世界各地都有成千上万的人使用催眠来戒掉坏习惯、缓解疼痛或进行其他治疗。运动员、政治家、媒体明星和商界精英们都纷纷借助于催眠来赢得更大的成功。催眠术除了广泛应用于医学上外，目前还被应用到提高学习效率、减肥瘦身以及公安机关破案和取证等领域上。

催眠术发展到今天，它的效用已经得到人们的认可。催眠术不再被认为是一种"江湖骗术"，它在许多国家得到了广泛的应用，人们也从各个方面对催眠进行全面的研究，催眠术这一古老的文化现象焕发出青春的光彩。

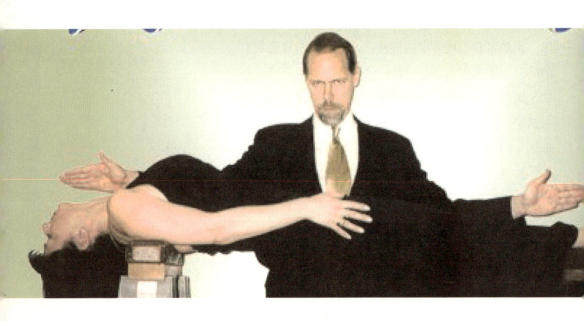

PART 2

第 2 章

舞台催眠秀

她练过气功吗？为什么她身上站着两个姑娘，她却无动于衷，直挺挺地像人桥一样？……除了人可以被催眠，怎么鸡也可以被催眠，催眠师让它睡就睡，让它醒就醒？舞台上的催眠秀就和鸡的催眠差不多，你亲眼见过吗？这一切都是催眠超乎寻常的功能表现，是被催眠者正常的生理反应。

人　桥 >>

RENQIAO

※ "人桥"催眠秀

　　一位男子的肩膀和脚分别架在了两把椅子上，全身僵直笔挺如一块钢板，成了一座"人桥"，一个人站到了"人桥"上，而他却无动于衷，依然直挺挺地架在椅子上。这似乎已超过了人的身体所能承担的极限，简直不可思议。

　　有这么奇怪的事情吗？这是在练硬气功，还是在玩杂技表演？或者他们经过了什么特殊的训练，竟然有如此超能力？

　　这其实就是国际上最经典驰名的"人桥"催眠秀。

　　"人桥"实验是催眠心理学中应用的最泛滥的一个实验，它被不断地应用在学术交流、教育教学、心理课程的培训等活动中。然而，对于外行人来说却

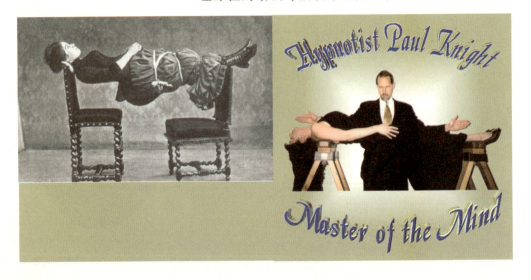

是一个很有趣、很神秘的现象，它使人产生了对催眠心理学的盲目崇拜和敬畏。

　　在催眠舞台表演秀里，人桥实验是个必不可少的试验。在某心理咨询工作室举办的催眠演示会上有这样精彩的一幕：

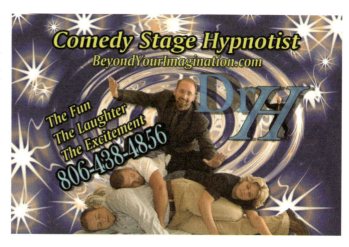

"两手伸平，相距约 30 厘米。"催眠大师把一个手指放在被催眠者伸直的双手中间，"眼睛看着这儿。"然后，他把手指拿开，"对，就盯着两手中间，感觉两手仿佛要吸在一起……对，就这样。闭上眼睛，你的肩膀沉重了……你全身放松了。想象自己坐在小船上，小船在水面上轻轻地晃……你全身僵硬了……"一会儿，被催眠者的双手就紧紧地攥在了一起。催眠大师向下按了一下被催眠者的手，他的手看上去很僵硬。"好了，可以做人桥了。"催眠大师对着旁边两位助手发出指示，于是一个人抬头，一个抬脚，那人就像一块木板一样被抬起，头和脚被分别放在了两个椅子上，而他的身体下面是空的，像飘在空中。更绝的事情发生了，催眠大师站到了他的身上，他居然没被踩塌。被催眠者竟然身体悬空着稳稳地承受了一个 60 多公斤重的人，像一座稳当的人桥，他平静地承受，看不出有一点痛苦，绝了！催眠大师下来了，另一个人又站了上去，被催眠者依然像睡着了一样，他的整个身体仍然还像桥面一样坚硬，面部表情坦然，好像什么事情都没发生一样。

※　某催眠"表演秀"的宣传海报

近10分钟后，当被催眠者被催眠大师"一二三，醒来"的声音叫醒后，他活动着身体说："我没有睡着，你们干的事情我都知道，我不知道自己竟然有如此大的力量。"

有的催眠师认为，催眠术中的人桥表演只是一种表演方式，它能证明的不是催眠术有多么神奇，而是人的潜能有多么巨大。其实我们或许都听过也接触过诸如这类的事情：火中救人而没有受伤、为救人推动大卡车、以平常难以超越的速度脱离野兽的追赶等。这些就是人的潜能，在某种特定的环境和特定的事件发生后，人会特别专注，从而爆发出无比强大的力量。所以，催眠实际上就是一种很好的激发人的斗志和意志力的一种治疗方式。

当然也有催眠师恪守职业道德，拒绝为人们表

※ 在某种特定的环境和特定的事件发生后，人会特别专注，从而爆发出无比的力量

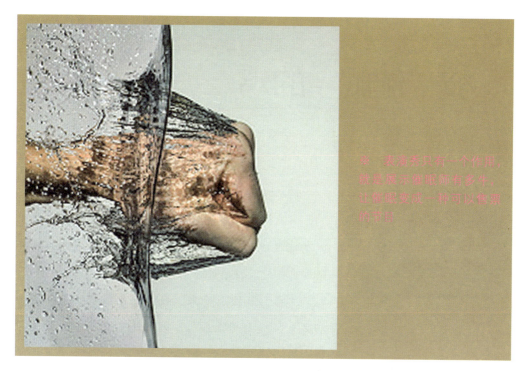

演"人桥"催眠秀，他们认为此类节目，准确地说，应该是"表演秀"。它只有一个作用，就是展示催眠师有多牛，让催眠变成一种可以售票的节目。

对大多数人来说，与催眠的唯一接触来自于演艺者，没有这些表演，人们也无法去探究催眠的实质。

是不是所有的人都能成功地做到"人桥"试验？答案是否定的。在中深度催眠时，"人桥"是可以实现的。在中度或深度催眠状态下，受术者可以失去自我控制能力，能够做出在一般情形状态下不可能做出的奇迹来，他可以完全顺从催眠师的指挥，按催眠师的指令行事。受术者在此时所表现出来的那种戏剧性的变化可使人惊讶不已，甚至目瞪口呆。"人桥""定身术"等特异现象就是在这样的状态下产生的。

"人桥"试验

"人桥"对催眠对象的要求很高，首先，他必须非常信任催眠师，听任催眠师摆布；然后，他还必须是一个接受暗示能力很强的人。通俗地说，如果把催眠比作一味药，这个人必须对这药很敏感。所以，每当催眠师需要表演这种节目前，催眠师会通过对一群人实施集体催眠，从中挑选合适的人选。这种集体催眠的效果很有趣，有的人已经歪歪倒倒了，有的人却在偷偷地笑。假如你是那个偷偷笑的人，纵使催眠师的"道行"再高，也不可能把你变成"人桥"。

被"催眠"的鸡 >>

BEI CUIMIAN DE JI

※ 听不懂人话的鸡也能被催眠

听不懂人话的鸡真的能被催眠吗?

一只刚从农贸市场买来的活蹦乱跳的大公鸡出现在催眠现场,催眠大师一把揪紧它的爪子,鸡开始嘶鸣,翅膀扑扇着使劲挣扎。

"乖,放松别紧张,我会让你很舒服的……"催眠大师默念"咒语",用手反复轻抚它的身子,然后用手指点着鸡的眼睛,让鸡跟他的眼神对视,鸡好似听懂了似的顺从地躺下。催眠大师又把手轻轻地放在鸡的胸部,大公鸡很快就闭上眼睛,进入了昏睡状态。

难道鸡真的也能被催眠?那其他动物呢?

一只狗,催眠师通过一系列轻微的让人无法注意的动作,触摸它的脑门,碰它的下颌,一会儿就能让它呼呼大睡。一条百余公斤的鳄鱼,与催眠师"搏斗"5分钟后,也酣然入梦……

在电视上,大家看到舞台秀的催眠师表演动物催眠,其对象一般是狗、鸡、鸭、鹅、兔子、蛇、孔雀、青蛙等。经过催眠师一番操弄后,动物就进入了一种静止不动的状态,不管催眠师怎么逗它,它都不会再活动了。只有当催眠师念念有词地说"清醒,清醒,完全清醒"这句话时,这些动物才会醒过来。

这简直就是一场"超凡体验奇幻催眠秀"。

动物又不懂人的语言，为什么可以被催眠？

所谓"催眠"就是透过特定的刺激，进入高度可接受暗示的意识状态。如果真的有所谓的"动物催眠"，动物应该可以接受指令，除了静止不动酣然入睡之外，也能够展现更多的表现。例如要鸡打鸣鸡就打鸣，要兔子跳兔子就跳，要蛇咬人蛇就咬人。但是显然这是办不到的。

虽然有些催眠师不断用催眠动物来表现自己的技术，但动物其实是不会被催眠的，因为它无法了解人的语言。所谓"动物催眠"并非真正的催眠。在学术界，一般用"装死""假死""强直性反应"来形容动物"被催眠"这种现象。其实，动物被催眠大都是假象和骗局。曾经有个台湾催眠大师催眠鳄鱼的表演就被指为是骗局。一条饿了几天的成年鳄鱼放到表演台上后，见人就扑就咬，凶恶之极。催眠师悄悄绕过去，很巧妙地用手抓住了鳄鱼的颈部，并用大拇指压住鳄鱼的颈动脉，鳄鱼大脑由于暂时缺血，很快进入僵直的休克状态。然而，这一切都在催眠师这一边进行，观众的那一边根本看不到被鳄鱼挡住的手，因此观众根本看不到催眠师手里的小动作。其实，催眠师是靠大脑缺氧导致鳄鱼昏迷来作秀。

其他动物的这种催眠更是容易，就像在海洋馆里的海狮为了吃到食物卖力表演装死、装醉一样。还有，宠物本来就能明白主人的一些习惯性要求，迎和主人的需求做出相应的表演。更有甚者，给动物预先吃过催眠类药物，算好时间，上台表演，一切按计划进行，全是骗局。

如何催眠一只鸡

在网上，"如何催眠一只鸡"的视频相当流行。据说，有三种可行的催眠鸡的方法，广大的催眠爱好者乐此不疲，纷纷上市场买鸡来试验。

方法一，小心平稳地把鸡侧着身子放到地面上，抚平鸡头贴住地面，一只手稳住鸡的身子，伸出另一只手的食指，在鸡的面前，慢慢前后来回移动，并始终回到距鸡嘴10厘米处的同一点。来回几次，鸡就被催眠了。

方法二，温柔地将鸡背部朝下翻过来，不要被它爪子抓伤。平稳后，用两只拇指和食指慢慢上下按摩鸡的胸部肌肉。持续几秒钟后，鸡就能被催眠了。

方法三，和第一种方法类似，把鸡侧着身子放到地面上，使鸡头平直向前。然后用小树枝，从鸡嘴开始往前面快速画直线，注意不要碰到鸡的嘴。这样持续画几下，鸡就迅速被催眠了。

· 神奇的催眠术 DE CUIMIANSHU

※ 如此凶猛的鳄鱼怎么能被催眠?

曾经有位催眠大师说,他这类懂催眠的人,不会催眠兔子等动物,不过不懂催眠的人却会将鸡催眠。

在台湾台南机场对面,有一位叫周健康的人开设了家"台南鸡场",他常常即兴表演"催眠术",对鸡进行"催眠"。他催眠的过程很简单,只见他对着手中的鸡轻声细语一番,轻抚几下鸡,鸡会慢慢平静下来,然后任由他摆布,或立在桌子上,或趴在桌子上呈休养生息状态,让人看得目瞪口呆。很多人为了一睹为快,争相奔赴台南鸡场观看表演,鸡场的生意曾一度火爆。

其实周健康并未学过真正的"催眠术",对此了解也不多,只是几年来为了办好养鸡场,他成天和鸡在一起,比较熟识。此外,他仔细观察过鸡的生活习惯,将其善加运用而已。

周健康说,他在儿时经常玩这样的游戏:一般抓住鸡后,用手箍住鸡身子,将它翻身平摁在地上,它挣扎一两下就不闹了。周健康认为,动物之所以被催眠是他们的一种本能,感到有威胁时会装死。

为了证实周健康的言论,记者特地找了个养鸡场选择几只斗鸡进行现场试验。

在养鸡场里，周健康选中了一只白鸡下手。见到陌生人伸手，白鸡显然很紧张，扑腾得相当厉害。周健康大步逼近，从鸡后身用手将它的翅膀箍住。白鸡的身子动弹不得，不住地蹬腿，还回脖啄周健康的手。

周健康不慌不忙，动作很轻柔地将鸡翻过身来，让它平躺在地上。白鸡显然不喜欢这种两爪朝天的姿势，还在反抗，无奈翅膀被紧紧箍着，不能动弹。"放松、放松，再折腾把你砍了……"周健康开始和鸡说话，声音不高，却反复念叨着这一句。一分多钟后，白鸡果然不动弹了，两爪僵直地伸着。

这时，周健康松开手，白鸡很听话地保持好姿势，一动不动。他伸出一根手指，在白鸡眼前，前后晃着，喃喃着"睡吧，睡吧"的字眼，同时另一只手不断抚摸鸡的腹部。由于小院周边环境嘈杂，一开始白鸡似乎因为恐惧眼睛眨得很频繁。两三分钟后，它

※ 装死的狗

※　漫画——被催眠的猫

的眼皮耷拉下来了，身子不再抖，呼吸平稳而舒缓了。

这种状态，白鸡坚持了十多分钟，直到有外人走过，才把它惊醒，之后突然逃跑。随后，周健康用同样的方法也降服了一只黑鸡。周围人好奇，也来试验了一把，果真，鸡只要被强行摁住仰面躺下，很快就不动了。在周边没有突然的、大的动静时，黑鸡居然被"催眠"了17分钟。通过强制和"交流"，两只烈性子的斗鸡居然被外行"催眠"了。

看来，这"动物催眠"之术不是大师的"独门武功"。周健康认为这是动物遇险后，为求生而装死的本能。果真是如此吗？

　　专家认为，动物和人一样，都有接受外界刺激后产生一定反应的特性，但动物听不懂人话，之所以能让它安静，其实是使用了特定的操作手法。例如刺激鸡比较敏感的腹部，通过抚摸，它就会从紧张转而放松，甚至像睡着了一样。他们分析动物"催眠"实际正是利用了动物的生理习性，即原始生存本能和复杂的接收、反应等机制所致，不是催眠学的范畴。假死状态、昏迷状态等都是因生理刺激导致动物大脑神经受抑制，而无法自我主控的结果。这种"催眠"可以因其他刺激而被立刻中断，之后恢复正常。

　　除了鸡，狗、猫、兔，甚至青蛙和蛇等都能被"催眠"。比如给猫"催眠"，可以摁住它后顺着毛反复轻抚，一会儿它就会睡着。其实只要仔细观察动物的生活习性，善加运用，无论是四只脚的，两只脚的，还是没有脚的，你都能让它们表现出某些奇特行为。

　　所谓的"动物催眠"，根本不是动物催眠，只不过是训练动物静止不动或是善用动物的本能而已。给鸡等动物"催眠"仅是一个表演项目，和给人的催眠是完全不同的概念。若硬要把动物的本能误解成催眠的效果，与催眠师给人催眠这种心理疗法相提并论的话未免有些荒唐。

催眠舞台秀 >>

CUIMIAN WUTAIXIU

"猫最怕什么？"

"老鼠！" 200 多人异口同声回答。

你也许在心里纳闷："猫怕老鼠？怎么可能？这是在玩脑筋急转弯吧？"

其实，这是在玩催眠舞台秀，在催眠术培训班里，这个游戏屡试不爽。

回答问题前，大师让观众举起双手，用拇指依次和其他四个指头触碰，每碰一下就说一声"老鼠"，连说21次；然后，他要观众再来21次，这回不说"老鼠"，说"鼠老"。等大家说完后，催眠师问大家："猫最怕什么？"大伙脱口而出："老鼠！"

反应快的，马上意识到自己错了；反应慢点的如果

※ 在许多经典催眠舞台秀中，被催眠者往往会脱口而出说"猫最怕老鼠"

继续问他"猫最怕什么"时，他还是会说"老鼠。"如果继续追问"真是老鼠吗？"他会毫不犹豫地说："是呀。""真的吗？""当然是，就是老鼠。"就这样，他们跳进催眠师的圈套里后完全跳不出来了。

在电视中或现场表演的舞台催眠秀，是一种比较流行的娱乐形式。很多人对催眠的认识完全来自于娱乐业，即舞台催眠秀。早在18世纪梅斯默年代，催眠表演师就已存在，他们享有较高的声望，四处巡回表演，甚至在电视里公开亮相。如今，顶级催眠大师们的套路是八仙过海，各显神通，舞台秀收入更是不菲。在催眠秀热潮的推波助澜下，催眠变成热门话题，也间接带动了人们认识催眠、学习催眠的风气。

※ 对催眠秀的讽刺漫画

对很多人来说，除了在电视或电影里看到过催眠的情节外，与催眠的接触就是来自于演艺者。这些演艺者本身就是很有天分的催眠师，他们的表演是一个精彩纷呈、引人入胜的舞台催眠世界，能让观众深深陶醉。

催眠"秀"，顾名思义，就是一种表演。既然是表演，娱乐的成分就很重要了。因此催眠秀通常用较夸张的手法来娱乐大众。就娱乐的观点，确实是既新鲜又有趣，其中的创意更是让人拍案叫绝。然而，不少心理学界、医学界人士对于舞台秀催眠师抱着轻蔑的态度，认为这些人不学无术，靠小把戏误导大众对催眠形成错误印象。由于每次催眠秀，只要参与者多，总有些小的困扰，多少会制造出几个产生

※ 一场催眠秀成功与否，催眠师占了主导地位

精神困扰的观众。所以医学界，尤其是精神科医师更是逮到大好机会重炮轰击。麦斯麦就是遭遇了这样的诋毁与攻击。确实，有时候催眠表演者为了吸引观众目光，有好的卖点，常常在表演里掺杂一些耸人听闻的内容，例如动物催眠、窥心术、念力控制，这些虽然收到了好的舞台效应，但都是与真正的催眠无关的，难免会被高尚之士轻蔑。批评者说这种表演使催眠变得哗众取宠，使公众对催眠产生了歪曲的理解，未能将催眠的各种益处告诉人们，因而毁坏了催眠的名声。刚接触催眠治疗的客人常常问催眠医师这样的问题：医生是不是会让他做舞台上的那些无聊的动作，比如鸭子走，像鸡一样咯咯地叫。因此，批评者说对催眠的扭曲认识可能会让那些本想通过催眠治疗的人对催眠望而却步。

舞台催眠师针锋相对，他们称催眠表演对人不存在任何害处。他们说，舞台催眠表演让人们了解了催眠的潜在影响力，从而能使他们更容易相信催眠在治疗方面的用途，对催眠医疗起着重要的推动作用。无论孰是孰非，这些都不能终止催眠舞台秀的脚步。舞台催眠与催眠医疗已经共处了数十年。

在催眠舞台上，被催眠的你或许会变成一只鸭子嘎嘎叫，或许会看到自己的鼻子被拉长，或许不识五线谱的你会演奏钢琴，或许会突然转身去亲吻异性，或许会大哭大笑排解压力，或许把洋葱当苹果一样去啃，或许弱不禁风的你在众目睽睽下举起彪形大汉，或许木讷结巴的你能在舞台上滔滔不绝地进行演讲……

　　舞台表演的过程中到底发生了什么？催眠师到底用什么手法能让人有如此大的变化？确实令人匪夷所思。

　　一场催眠秀成功与否，催眠师占了很大的因素。催眠师本身要具有舞台魅力，说唱俱佳；精明、敏锐、机警、老于世故、幽默风趣必不可少；同时，能将观众心理与现场的气氛掌握得宜，这样的表演就会是卖座、成功的催眠秀。几乎所有能够进行舞台催眠表演的催眠师都是站在舞台上光芒四射的人，比较有人格魅力。他们或是通过亲和力，或是通过权威感，让台下的观众信任他们，喜欢他们，有强烈参与的热情，让他们不自觉地充当催眠师表演的"好助手"。优秀的催眠师在催眠技巧和暗示技巧方面，不会比催眠医师逊色，他的举手投足都能带来效果。他既要善于利用人们取悦、爱表现的心理特点，又要能察言观色。他必须敏锐地从观众的肢体语言读出对方是否有配合的意愿，不动声色地找出那些催眠感受性高的人。当观众的催眠敏感度或配合度不高时如何请对方下台而不会令人产生不悦感，在当催眠失败的时候如何自圆其说以维持场面热情度。

※　著名催眠师马维祥解释催眠的神奇力量

　　另一方面，观众的配合更是重要。催眠舞台秀无一例外地利用了观众的"好奇心"和"信任"心理，那些走上舞台表演的观众表演欲望强烈，非常期待自己能充当好一个好的被催眠者，在和催眠师建立了信任的关系后，他们会不自觉

※ 催眠师通过集体催眠选择合适的催眠人选

地配合催眠师的指令去完成一些动作。

催眠秀中请上台的，都是事先经过筛选的人，他们动机强、敏感度佳、配合意愿高，因此更能将催眠秀的娱乐效果充分发挥。

与催眠医师不同的是，在舞台表演前，舞台催眠师就开始就必须对观众进行敏感度测试。他们要看哪位观众对催眠的接受度最高，并做些暗示性试验看哪些人作出的反应最好，往往这些人就是理想的舞台秀演员。感受性测试的经典项目通常是催眠师让观众闭上眼睛，想象有一只胳膊上系着氢气球，催眠师还会暗示他们自己的胳膊正变得越来越轻，并在不受意识控制下开始上浮；或者想象自己吃了非常酸的柠檬。如果某位观众的胳膊在测试中有移动，或者唾液分泌比较多，开始流口水，他就有可能是催眠的合适人选。

有人要问了，人的感受性是不是差异很大？下面这个测试就能说明问题。

"请大家轻轻闭上眼睛，把自己调整到最舒服的姿势，做 5 次缓慢的深呼吸，让自己全身心放松。"随后，伴着催眠师舒缓而轻柔的语调，现场的听众都会自觉去体验了一把"有关苹果的催眠"。随着催眠师的循循善诱，一系列过程下来，被催眠者基本上都可以"看"到苹果，有大约三分之一的人可以"闻"到苹果的清香。

人们受暗示性程度高低有所不同，能闻到苹果清香的人是受暗示性程度较高的人。大部分人的受暗示性程度属于普通程度。相对而言，受暗示性程度较高的人更容易进入催眠状态。挑选出来的合适的催眠人选站在舞台上的时候，他潜意识里或多或少都有"表演给别人看"的欲望。他认为自己是这场秀的主角，不能搞砸这场秀，要全力配合。越是平常寡言少语、不善于表现自己或者压抑太久的人，他们越希望得到别人的关注。催眠师牢牢抓住了人们的心理特点，让这些潜意识的欲望释放出来。只要催眠师的指令不要挑战他的道德底线，不要让他感到没有面子，他都是可以接受的。如果催眠师发出"脱光衣服""向观众泼硫酸""杀死自己的亲人"等指令的话，被催眠者无论如何也不会去做的。所以催眠师的指令多半是满足被催眠者心理深层愿望的指令，像"人桥"表演激发了观众超越自己身体极限的潜在动力，很多人乐意去表演，所以成功率相对也高。

催眠舞台秀是一场充满娱乐性的心理游戏，就像时装秀一样，它的重点在于让大家开心，让大家觉得秀很好看，其成功与否很大程度上取决于舞台催眠师是否精心策划，能否调动观众心理，以及观众是否配合。

你是否能被催眠 >>

NI SHIFOU NENG BEI CUIMIAN

在通过某种途径了解催眠表演或催眠治疗后，总有人会嗤之以鼻说是假的、骗人的把戏，甚至有人还断言说自己意志很坚强，不相信会被催眠。也有很多人半信半疑，但又在心里蠢蠢欲动，希望自己能体验一把真正的催眠。

其实，能不能被催眠是一个很复杂的问题。容不容易被催眠，不仅仅是从接受催眠的人这一个方面看

※ 宁静的住所。在这样的地方催眠远比在嘈杂的地方催眠效果要好得多

的。一般而言，能否较为容易把当事人引导进催眠状态，取决于三个因素：环境、当事人、催眠师。

假如有嘈杂声音的干扰，肯定会大大分散被催眠者的注意力；而肃穆或者轻快的音乐，能起到震慑心神或者放松身心的效果，能促进催眠。舞台催眠师在嘈杂的现场进行表演，在短时间里让人进入催眠状态难度就很高，所以他们会多方尝试各种催眠手法，这是催眠表演必须征服的难题。

从当事人角度来说，分成不可控因素和可控因素。

不可控因素包括敏感度差、体验能力水平比较低、难以持久集中注意力等。这里涉及"催眠感受性"，也就是你能多大程度进入催眠状态，每个人的催眠感受性不同，进入催眠状态的快慢和程度也不同，

※ 童年经历是影响一个人"催眠感受性"的原因之一

45

这就是为什么催眠舞台秀中催眠师要做敏感测试的原因了。"催眠感受性"与一个人的童年经历、性格、人格、想象力、对催眠的态度及对催眠师的信任度等诸多因素相关。有的学者认为"催眠感受性"几乎是稳定不变的，有些学者则认为通过多次训练可以提高当事人的催眠感受性。感受性越高进入催眠状态相对越快，有学者也风趣地称之为"听话度"。

可控因素包括情绪波动、对催眠师的信任度以及动机等。当然，可控与不可控因素不是绝对的。

从催眠师角度来看，催眠师的技术水平起到很大的作用，比如是否能有效地消除当事人的杂念，是否能有好的语言技巧让被催眠者放松身心，是否能熟练地掌握催眠诱导等相关的催眠技术。对于有高超技艺的催眠师而言，被催眠者能进入催眠状态或深度催眠状态的可能性就大得多。

催眠成功与否与被试者的意志力强弱也有关系。意志力坚强，即不肯接受催眠，是难以被真正催眠的，比如在催眠过程中，当事人在心里抵制催眠，他在心里默念"我不会被催眠，我不会被催眠"，他自然很难进入催眠状态了。《无间道Ⅲ》中，曾有一幕非常搞笑，陈慧琳要为梁朝伟进行初次催眠，结果由于梁朝伟不配合，几乎让陈慧琳气得吐血。如果一个人意志力不坚强、服从性强，从某种意义上而言这个人是易于被催眠的。

许多临床催眠师的说法是，只要当事人愿意，人人都可以被催眠，只不过进入催眠状态的深浅不同而已。即使没能进入催眠状态，那也是催眠诱导的方法不合适。有关理论认为，人群中约有 70%~80% 的人可以被催眠，其中有 25% 的人能达到深度催眠。

年龄在七岁到成年之间的青少年催眠感受性强，进入中年以后易感性就差，年长者就很难进行催眠了。在性别而言，受感者的易感性与性别无关，不过有研究指出，催眠师与受试者的性别之间可能相互作用，女性受试者在男性催眠师的指导下可表现出好的催眠感受性。有研究发现，以下几种人容易被催眠：听话的人、富有想象力的人、注意力容易集中的人、具有主动性的人、平常喜欢沉思的人、希望从催眠中获得新鲜意识经验的人。

※ 《无间道》电影海报

小测试：测一下你是否容易被催眠

下面有 10 个题目，请根据自己的实际情况选择符合你的答案。通过该测验可以了解你对催眠的接受程度。

1.闭上眼睛，想象一部你所看过的电影，近期的也可以，你可以清楚地描述你最喜爱的演员在里面的表情吗？

a.当然可以　　　　　　　　　　b.有点模糊，记不太清

c.完全办不到

2.你正在节食，但你已经有点厌烦，这时，冰箱里还有一条巧克力，你会？

a.一口气把它吃完　　　　　　　b.吃一点儿

c.坚持饿肚子，不去理会

3.当你看到电影或电视的凄惨情节或离别镜头时，你会哭吗？

a.常常哭出来　　　　　　　　　b.偶尔会

c.从不会

4.你曾经有一段美好的时光，你可以回想得起来吗？

a.历历在目　　　　　　　　　　b.隐隐约约有印象

c.记不起来了

5-1.你曾经开车在高速公路，错过该下的岔道吗？（如不会开车只回答第 5-2 题）

a.不止一次　　　　　　　　　　b.一次

c.从来没有

5-2.如果你不会开车，你是不是曾经专注而忘了时间？（会开车者此题不用回答）

a.常常　　　　　　　　　　　　b.偶尔

c.从来没有

6.一般来说，你上床需要多久时间才能睡得着？

a.约十分钟　　　　　　　　　　b.将近半个小时

c.至少一小时以上

7. 你会不会在去做某件事情的时候突然忘记了自己要做什么了？

a. 常常　　　　　　　　　　b. 偶尔

c. 从来没有

8. 你是最后一个下公交车的人，你发现公交车上有个装满钱的皮包，假设你的动机是纯正的，你会？

a. 把它交给司机　　　　　　b. 送交警方

c. 想方设法联系失主

9. 你常做白日梦吗？

a. 常常　　　　　　　　　　b. 偶尔

c. 几乎没有

10. 想想看你曾有过光荣事迹，记得起来吗？

a. 当然　　　　　　　　　　b. 有点困难

c. 几乎完全想不起来

计分方式

每答一个 a 得 10 分，b 得 5 分，c 得零分

55~100 分：

你的想象力丰富，比较信任他人并常抱着顺其自然的态度，你是最适合做自我催眠的人，而且会从催眠中收获很多。

25~54 分：

你善于分析事理，但是过于理性，学着摒弃太过理性的部分，这样，自我催眠就会容易多了。

0~24 分：

你是非常理智的人，凡事亲历亲为，你必须学着在自我催眠中，放逐自我。你一定会有所获。

PART 3

第 3 章

解读催眠术

人为什么会被催眠？催眠术为何会有如此神奇的效果？对此，众说纷纭。"动物磁气说"认为是人体内的磁气在起作用。"暗示感应说"认为这是一种暗示性睡眠。"精神病理学理论"认为这是病理状态的表现……

众说纷纭 >>

ZHONGSHUO FENYUN

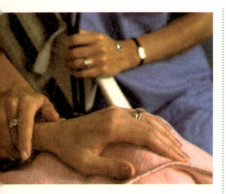

※ 麦斯麦认为，催眠师也可以像这样通过用手抚摸患者的病痛部位而为其消除病情，使其恢复健康

初学催眠术的人一般会感到催眠术非常神奇，许多现象让人不可思议，尤其是那些超常表现，使人极想去深究它的根本原理。

世界各国一直在对催眠现象进行观察和研究，然而催眠术作为一种奇怪而令人迷惑的现象，在许多问题上人们尚无法达成共识。因为用那些现成的观点总有些现象无法解释，这说明人们还没有完全揭开催眠的神秘面纱。由于人们还不能够确定催眠状态是由什么引起的，所以当今存在着许多不同的催眠术理论。什么对催眠最重要？什么对催眠仅仅是偶然的要素？也许只有当人们能够在这些问题上达到一致的意见时，才可以形成为大多数学者所接受的理论。

不同的研究者提出不同的解释理论：动物磁学理论、睡眠理论、暗示理论、精神病理论、精神分裂理论、精神分析理论、目标指示理论等形形色色的理论。

动物磁学理论于18世纪末由奥地利医生麦斯麦提出，早期受到过极大的关注，用来解释"麦斯麦术"的学说：人体内存在着一种磁流，在正常状况下，它维持着动态平衡。人之所以生病，是因为人体内磁流不畅，其活动失去了平衡。于是，麦斯麦指出，只有运用磁疗法，才能使人体的磁流恢复正常运行。麦斯麦还认为，催眠师（当时还未使用催眠术和催眠师等术语）的体内存在着较强的磁流，当催眠师在对病人施行催眠术（那时称为"麦斯麦术"）时，催眠师的磁流可通过一些导体，如磁屑、铁棒等传递给患者，也可通过催眠师用手抚摸患者的病痛部位，直接以其自身强健的磁流来纠正病人体内磁流的非正常状态，以达到平衡运作、病情消除、健康恢复的状态。

　　就是这个理论使人们产生了这样一个信念：催眠是因为一个人的精神影响了另一个人而产生的现象。然而在麦斯麦那个时代，动物磁学理论就受到了彻底的怀疑。到现代，这个理论仍然有一些代表者，他们中的一些人相信人体能够发散出一种觉察不到的力或磁性，但这些阐述都没有客观的证据以表明一个人的磁力就是催眠的诱发因素。

　　睡眠理论是一个慢慢失去根基的古老理论，是某些学者对催眠现象的早期理解。该理论认为，催眠是睡眠的一种形式，其依据是催眠与睡眠在外表上有着相似之处。睡眠理论强调了催眠状态的产生是因为某种感觉上的单调刺激导致大脑的睡眠中枢兴奋。因此，注视一个物体是诱导催眠的一种最好的方法，这是因为视觉中枢在大脑中很接近睡眠中枢。

※　让催眠对象注视一个物体是诱导催眠的一种好方法

　　催眠和睡眠是两种不同的意识状态，在外表上相互类似，但是它们之间的确切关系从未被认识清楚。事实上，诱发催眠与睡眠没有任何关系，也并不会产生睡眠的任何特征。我们大多数试验结果都表明它们之间是十分不同的。处于催眠状态时的脉搏跳动、呼吸情况和动作反应都与清醒状态下相同。更为甚

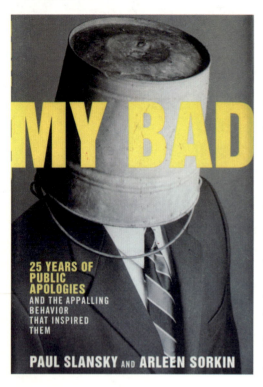

MY BAD

25 YEARS OF
PUBLIC
APOLOGIES
AND THE APPALLING
BEHAVIOR
THAT INSPIRED
THEM

PAUL SLANSKY AND ARLEEN SORKIN

※ 自我暗示图。科乌进一步宣称，在催眠中只有自我暗示

者，膝跳反射在睡眠中消失，但在催眠中依然存在。另外一方面，触电反射在催眠中似乎是不存在的。尽管这些证据还没有足够的说服力，但占优势的观点认为睡眠和催眠是两种截然不同的现象。

暗示感应理论是迄今为止最有影响力的催眠理论之一，这个理论最先由布莱德阐述。它是催眠术发展史上的一个重要的里程碑，因为它强调了催眠的心理学本质。该理论认为催眠状态是一种暗示性睡眠，产生这种睡眠的基础是人类特有的一种属性——暗示性。毋庸置疑，暗示是催眠过程的一个组成要素，但是在催眠是由暗示诱发的和催眠是暗示性的一种形式这两个问题上，还存在着某些混乱。南锡学派的伯明翰是这个理论的先驱，他声称根本没有什么催眠，仅仅是暗示。科乌进一步宣称没有暗示，只有自我暗示。这说明了催眠实际上是自我催眠，受治疗者不是一台机器人，而是一个产生这种现象的并能按照他自己的人格行动的个人。

这是一种纯心理学的观点，不强调与催眠有关的生理方面的变化或神经方面的变化，仅强调心理因素，用心理分析的理论来解释催眠及其作用。这种理论的代表人物是弗洛伊德，他认为诱发催眠状态并起到治疗作用的是心理暗示，能否被催眠的关键在于受术者接受暗示的能力。他把受术者看做是扮演角色，受术者接受暗示的能力很高便易于进入催眠状态所表现的角色，能全盘地吸取暗示并通过催眠状态下的潜意识而起作用，从而调整心理动力平衡的失调状态，达到治疗目的。

毫无疑问，暗示在催眠中起着一定的作用。但是这种纯心理学的观点不能解释心理暗示通过什么途径产生催眠状态，也不能解释神经、生理的许多变化或者动力平衡调整的机理。这种单纯心理学观点使人感到费解。

精神病理学理论是从精神病学的观点出发，其代表人物夏科特是一位精神病学家。他认为，催眠是神经病理现象的结果，催眠和癔症都是中枢神经中一些疾病的产物。他们以这两者的神经素质为出发点来推断，催眠成功的关键在于受术者接受暗示的能力，而不在于施术者的技巧。癔症也有很高的暗示性，所以凡易被催眠者都具有高度暗示性，这与癔症的基本神经素质是相似的。夏科特之所以得出这样的结论，是因为他只研究了数量十分有限的受试者，而且他们都是精神病患者。多数人不同意这一观点，一个最有说服力的证据是正常人也能被催眠，而催眠状态与癔症具有不同的心理活动基础。这种偏颇

※　著名的生理学家巴甫洛夫

知识链接：精神分析学说

精神分析学说认为催眠是一种倒退现象，是对过去经历的体验，与恋母情结类似，将俄狄浦斯情结的矛盾心理向催眠者投射，产生对催眠者的移情。

这里有一种假设，即为了加强对内心体验的掌握，受术者可通过暂时与现实隔绝，从而启动、控制和终止心理回归。他们认为，催眠依赖于受术者与催眠师的感情关系，即移情作用，而且具有思维过程，有易于被操纵的特点。

20世纪30年代，以霍妮为代表的新弗洛伊德学派，主张人的心理活动有赖于社会文化的影响。不论新或者旧的弗洛伊德学派，关于催眠的观点都令人难以理解。但在美国、澳大利亚等国，仍有人持这一观点，认为通过催眠既易于回忆人在早年或社会文化中被压抑在潜意识中的心理创伤，又能通过催眠使压力得到发泄，从而治愈疾病。

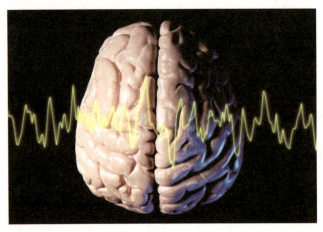

※ 大脑皮层图。巴甫洛夫认为，催眠是使大脑皮层产生选择性的抑制作用，是部分的睡眠

的观点，将正常心理活动与病理心理活动混为一谈，现已被人否定。

生理性理论是以巴甫洛夫为代表的条件反射的理论，把重点放在脑的生理机制上。巴甫洛夫学派从生理学角度，以高级神经活动学说为基础对催眠的实质作了解释。这种理论认为催眠是一种一般化的条件作用，把引入催眠状态的刺激语看成是一种条件刺激。巴甫洛夫发现，给关在实验室的狗一种单调重复的刺激，狗也会渐渐入睡或出现四肢僵直的现象。巴甫洛夫认为，催眠词也是一种单调重复的刺激，而且是描述睡眠现象的内容。所以催眠词作为一种与睡眠有关的条件刺激，使大脑皮层产生选择性的抑制作用，也就是从清醒到睡眠过程的中间阶段或过渡阶段，催眠是部分的睡眠。后来他对这一观点又有进一步的修正解释，认为催眠状态是注意力高度集中的一种形式，伴有外周感觉缩小的现象。催眠状态下，被催眠者只能与催眠师保持单线交往的这种感觉集中，好比中心视力集中注视于某物时清晰而精细，而周围的视野区域虽较宽广，但精密度就低且模糊。日常生活中最常见的类催眠体验，诸如全神贯注于一本有趣的书刊杂志或倾注于感人肺腑的影片、戏剧时就会失去正常的时空定向，忘却周围的一切。但目前大多数人认为，用这种局部的生理学来解释，尚缺乏令人信服的客观生理指标和针对性的实验依据。睡眠脑电图与催眠状态下的脑电图，仍未取得一致的足够证据以说明催眠是部分的睡眠。

　　角色扮演学说是由心理学家沙宾提出并详细阐述的。他认为，每一个人在自己的一生中都扮演一定的角色，以适应不同的社会环境；催眠也不过是一种社会环境。正如人们能够扮演雇员、恋人或其他任何成千上万的角色一样，人们也可以扮演"被催眠者"或"催眠师"这样的角色。

　　吉本森和瓦格斯塔夫二人都公正地指出，这并不是说受术者在故意作假。如同能够真实地进入其他生活中的角色一样，他们也可真实地进入催眠中的角色。沙宾称之为"机体进入角色"。正是由于进入了角色，受术者才真正相信他们的确经历着所受暗示的催眠行为。当受术者报告体验着幻觉时，沙宾则认为这些幻觉是"信任的想象"。受术者非常好地扮演了"被催眠者"的角色，以至于他们自己也真正相信确实产生了幻觉。

　　沙宾以大量的实验研究证实了自己的理论，他对一些擅长表演的人和不太会扮演角色的人进行催眠。结果表明，那些会演戏的人，能根据催眠师的指令去想象、去体验，很容易忘却自我，表演了催眠师所要求其表演的催眠现象；而那些不擅长表演的人，则很难进入剧情，就更不容易做出催眠师所要求的催眠反应。

　　自从 19 世纪 50 年代沙宾提出他的角色理论至今，催眠学家多次证实了沙宾的实验，基本上能证实他的结论。

　　上述种种理论都是有争议的理论，统一的理论到今尚未形成。在建立一个合理的理论之前，还需要心理学家进行大量的试验。

大脑皮质的"负诱导"作用 >>

DANAO PIZHI DE FU YOUDAO ZUOYONG

※ 巴甫洛夫

倾向于用大脑生理来解释心理现象的巴甫洛夫学派对催眠现象的机制另有见解。

前苏联生理学家巴甫洛夫通过对动物的研究，建立了神经活动的学说。巴甫洛夫认为，高级神经活动有两个基本过程：一个是兴奋过程，一个是抑制过程。高级神经活动以条件反射为基础。巴甫洛夫还认为，高级神经活动还有一条基本规律，即兴奋和抑制之间有相互激励的作用。兴奋过程的激励作用引起或加强抑制过程。同样，抑制过程的激励作用引起或加强兴奋过程，这就是相互诱导作用。

由抑制过程引起或加强了的兴奋过程叫"正诱导"，如经过一夜睡眠休息（抑制），早晨记忆东西效率高，如鲁迅所说的"在沉默中爆发"，等等。由兴奋过程引起或加强了抑制的过程叫"负诱导"，如机体受到强烈刺激引起的超限抑制、劳累引发深沉睡眠、过度悲伤导致的保护性休克。也就是说，当大脑皮质上一个神经组织发生兴奋时，就会使周围其他神经组织产生抑制，这就是"负诱导"。催眠过程就是"负诱导"引起的抑制现象。

巴甫洛夫认为，抑制过程并不是稳定不变、始终如一的，而是在变化着的。它的变化表现在抑制程度的深浅、抑制范围的大小。抑制范围变大了，巴甫洛夫称之为"抑制的扩散"；变小了称之为"集中"。巴甫洛夫还认为，大脑皮质有许多兴奋点和抑制点，它们像不同颜色的宝石一样，相互镶嵌在一起，一个兴奋点总是被周围的抑制区所环绕着。相反，一个抑制点周围也环绕着兴奋区。

人的心理因素，很多地方都是相辅相成和相反相成的，比如紧张和放松、痛苦与欢乐等，他们都存在着一种此消彼长、交互抑制的关系。你想办法消除或者压制痛苦，心理对愉悦的束缚就减少，愉

※　鲁迅像。他所说的"在沉默中爆发"就是由"正诱导"引起的

※　漫画《喝酒》。喝酒进入一种状态的时候，人的大脑皮质发生了改变

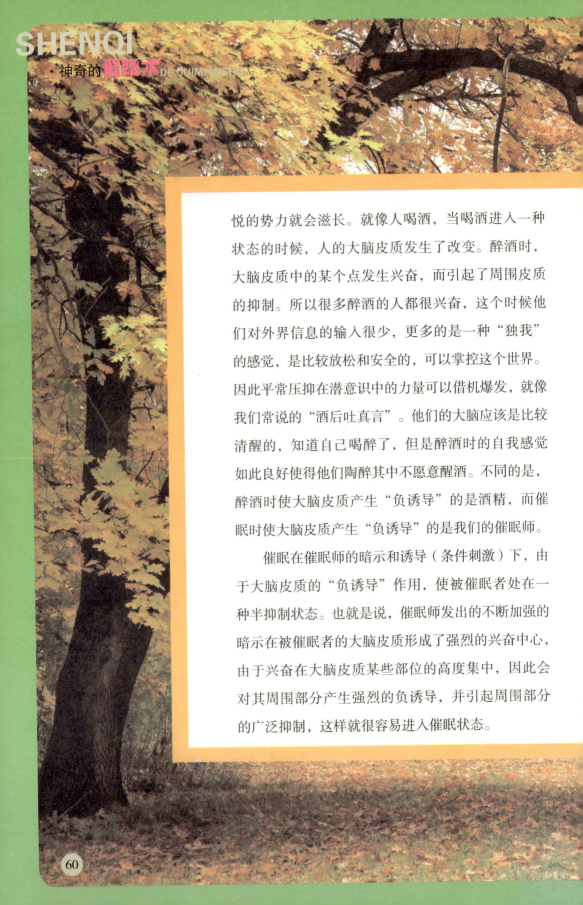

悦的势力就会滋长。就像人喝酒，当喝酒进入一种状态的时候，人的大脑皮质发生了改变。醉酒时，大脑皮质中的某个点发生兴奋，而引起了周围皮质的抑制。所以很多醉酒的人都很兴奋，这个时候他们对外界信息的输入很少，更多的是一种"独我"的感觉，是比较放松和安全的，可以掌控这个世界。因此平常压抑在潜意识中的力量可以借机爆发，就像我们常说的"酒后吐真言"。他们的大脑应该是比较清醒的，知道自己喝醉了，但是醉酒时的自我感觉如此良好使得他们陶醉其中不愿意醒酒。不同的是，醉酒时使大脑皮质产生"负诱导"的是酒精，而催眠时使大脑皮质产生"负诱导"的是我们的催眠师。

催眠在催眠师的暗示和诱导（条件刺激）下，由于大脑皮质的"负诱导"作用，使被催眠者处在一种半抑制状态。也就是说，催眠师发出的不断加强的暗示在被催眠者的大脑皮质形成了强烈的兴奋中心，由于兴奋在大脑皮质某些部位的高度集中，因此会对其周围部分产生强烈的负诱导，并引起周围部分的广泛抑制，这样就很容易进入催眠状态。

　　人处在催眠状态时，尽管主观上想睁眼却睁不开，想抬手却抬不起，甚至出现身体僵硬的现象，但仍然能听到和接受催眠师的指令。这是因为，其运动区处于抑制状态，而听觉区处于兴奋状态。对于被催眠者而言，只有和催眠师的言语指令有关的部位保持清醒，才能按催眠师的要求作出反应，而大脑皮质其他部位相对处于无反应状态。此时，人最大的特点是批判性下降。

　　如果施术者发出的信息是为了医疗目的而精心策划的，这样的信息自然会比平时更易被病人所接受，并使病人遵照执行。此时，外来的暗示、自我暗示、内心欲望均会被整合而成为被催眠者的体验，任何一个人都会很相信他自己的感觉，多数被催眠者只根据他自己主观的感觉来判断真假与是非，所出现的感觉会进一步强化他对催眠的信念，从而使暗示更有效果。歇斯底里性瘫痪患者在催眠状态下接受了医生的暗示指令，说是肢体已受到有效的治疗，能活动自如了，于是患者便遵照执行，等他被唤醒时，瘫痪症状便消失了。

男刚女柔的现实 >>

NAN GANG NV ROU DE XIANSHI

※ 《亚当夏娃》图。男女的性染色体、性腺等第一性征是由遗传决定的

"男刚女柔"是个固定的事实吗？是与生俱来的气质吗？

据一项新的研究成果表明，人类的100多种特点，包括个性特征、交流技巧、思考能力、领导管理能力等，虽然男女有别，但实际上差别很小，统计学上几乎可以忽略不计。脑科学研究表明，智力本无性别差异，相反，智商低的男性比例要比女性比例高，而在机械记忆力、语言能力和耐力方面，女性比男性高。尽管当今社会上也认同"男女都一样""女子能顶半边天"，但是为什么男性的成功率却要远远高于女性？男刚女柔几乎成了一个固定的模式。除了性染色体、性腺等第一性征，以及青春期开始发育的男女第二性征的差别是由遗传决定之外，其余的男女性差异，如社会角色、个体行为的差别均非天生，多半是由后天的"社会学习"而获得。换句话说，就是社会期望值对男女的要求不一样。调查表明，人们认为男性的心理特征应该是具有攻击性、独立性、主观性、情感不外露、好竞争、有决断力等；而女性则是文雅、注意修饰装扮、依赖、多愁善感等。

从心理发展来看，这种社会学习的过程是：

引导、榜样、鼓励与认同。做父母的，从衣着打扮到玩具选购和行为指导，都是遵照传统的文化规范来进行的。曾经有人做过调查，请父母对刚出生的婴儿作一番描述，其结果是对男孩多用"强壮结实""虎头虎脑"等词；而对女婴则多用"漂亮""小巧"等字眼。这实际上就是父母对孩子的"社会角色期待"。这种引导方向，就是一种暗示。除了家庭，孩子在学校、社会得到的引导也是如此。在生活中，男孩总是学爸爸等家庭中的男性；而女孩则仿效妈妈等家庭中的女性。电影、电视中的男人扮演的都是"除暴安良"的角色；女性则"温柔体贴善良""吃苦耐劳"。这就是孩子们的"榜样"。此外，女孩子过于活泼就会受到指责，而男孩穿女装就会遭到嘲笑。

※ "漂亮""小巧"等字眼是女婴的专属

　　孩子在上述的引导暗示下，逐步将这些行为方式认为是自己这种性别应该具备的，这样的性别认同就被内化为个性的一部分，而在日常生活中表现出来。就是说，男女两性承受着两种不同的社会暗示，男尊女卑的思想成为一种社会文化、社会暗示，几千年来深深影响着人们。"男耕女织""男人是天，女人是地""男人就是比女人强"等观念深深扎根于人们心中。在这种社会意识的暗示下，男人女人各自按照自己的角色定位，很自觉地遵循着这样的一种发展逻辑，完成自己的"使命"，以至于很难改变男强女弱的社会现实。由此可见，暗示的力量非常强大。

　　科学家研究指出，人是唯一能接受暗示的动物。暗示，是指人或环境以不明显的方式向人体发出某种信息，个体无意中接受了这些影响，并做出相应行动的心理现象。暗示是一种被主观意愿肯定了的假设，

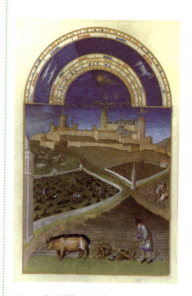

※ 《男耕女织》图。男女两性承受着两种不同的社会暗示，几千年来，"男耕女织"的观念深深扎根在人们心中

望梅止渴

"望梅止渴"是《三国演义》中的故事。这个故事说的是曹操有次率兵远途跋涉，天气炎热，官兵们又累又渴，偏偏又找不到水井和溪流，军心开始涣散，严重影响行军进程。于是曹操大谈："前面山上有一片梅林……"因为梅子是酸的，所以一提到梅子，"酸"的心理暗示便发挥了作用，于是，人们的口腔便大量分泌唾液，起到了暂时解渴的效果。

不一定有根据，但由于主观上已经肯定了它的存在，心理上便竭力趋于结果的心理活动。在我们日常生活中，受暗示的现象是相当普遍的。

化学老师在一个大教室里上课，声称要给学生做一次气味传播速度和嗅觉灵敏程度的测试。老师在讲台上打开瓶子，把彩色的其实毫无臭味的溶液倒了几滴在棉花上，并做出极厌恶的样子离开了"恶臭"的讲台。很快，许多学生都嗅到了难闻的气味，最后，连远离讲台的最后一排学生也有人嗅到了，而最靠近讲台的前排学生，有的竟因为嗅到剧烈的臭味而离开了座位。

二战时，纳粹在一个战俘身上做了一个残酷的实验。将战俘四肢捆绑，蒙上双眼，搬动器械，告诉

※《李广射石》图。"李广射石"就是积极暗示效应的例子。

※ 水晶球。催眠医疗师就是靠一颗水晶球来吸引被催眠者的注意力的

战俘要对他进行抽血。被蒙上双眼的战俘只听到血滴进器皿的嗒嗒声，什么也看不见。然而，第二天去看的时候，发现战俘已经气绝身亡。其实，纳粹并没有抽该战俘的血，滴血之声乃是模拟的自来水声。导致战俘死亡的是抽血的暗示：他耳听血滴之声，想着血液行将流尽——死亡的恐惧，瞬时导致肾上腺素急剧分泌，心血管发生障碍，心功能衰竭。

这些例子足以证明暗示的魔力。暗示效应极为普遍，有积极的暗示效应，比如"望梅止渴""李广射石"；也有消极的暗示效应，比如"杯弓蛇影""草木皆兵"。古人虽然没有读过心理学，也说不出"暗示效应"的专业术语，但他们却会运用暗示效应。

暗示的概念告诉我们，暗示的实现总是存在着实施暗示与接受暗示两个方面，从暗示实施的一方来说，不是通过说理论证，而是动机的直接"移植"；从接受方来说，暗示者发出的信息不是通过分析、判断、综合思考而被接受，而是被暗示者无意识地接受，不加批判地执行。

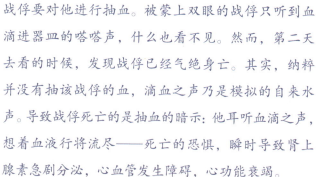

随意肌

可随着人体的自由意识来操控的肌肉称为"随意肌"。随意肌受运动神经支配来产生肌肉收缩，随意肌两端肌肉末点附着在骨骼上，又称为"骨骼肌"，在显微镜下看到的随意肌呈现横纹走向，所以也称为"横纹肌"。例外的是，心肌（cardiac muscle）虽属于横纹肌，但由心肌构成心脏，因为主管心脏跳动，它接受自主神经的操控，无法透过意识来支配，因而属于不随意肌。

人们看到的催眠现象，都是因暗示诱导而产生的。

在心理诊所里，催眠医疗师拿起一颗水晶球来吸引被催眠者的注意力，并慢慢地说："你开始睡吧！"经过反复暗示，被催眠者闭上眼睛，逐渐进入昏睡状态。

其实，昏睡与真正的睡眠不同。昏睡者仍然保持一点清醒，接受着催眠者的暗示。催眠疗法就是采用特殊的行为技术并结合言语暗示，使正常的人进入一种暂时的、类似睡眠的状态。催眠分为自我催眠与他人催眠。自我催眠由自我暗示引起；他人催眠在催眠师的影响和暗示下引起，可以使病人唤起被压抑和遗忘的事情，说出病历、病情、内心的冲突和紧张。

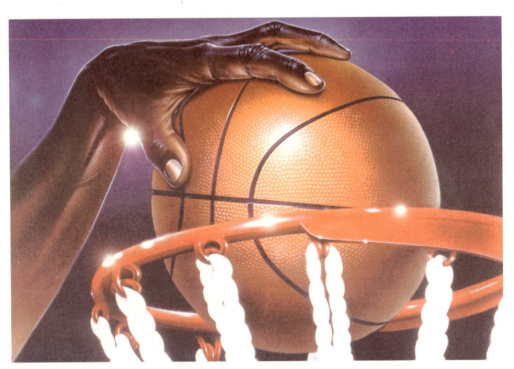

※ 灌篮。美国心理专家对 NBA 篮球队的比赛进行考察后发现，投篮结果会受到自我暗示的作用

暗示对个体生理、心理和行为状态都会产生深刻的影响，当个体接受暗示后，不但可以随便改变随意肌的状态，而且也可以影响随意肌的功能。正因为如此，消极的暗示能使人患病甚至死亡，积极的暗示能使人的心理、行为和生理功能得到改善。有研究表明，增强对疾病的痊愈和康复的信心，就可以达到治疗疾病的目的，至少能很好地缓解病情。如今，煤矿坍塌事件时有发生，就有人被埋困在黑黑的矿井底下长达 34 天后获救。后来记者问是什么让他在没有食物的情况下坚持那么久，他说他的家人在等他回家。求生的欲望和必胜的信念起了关键作用，这也是积极暗示的典型例子。与此相反，不少患抑郁症和其他精神疾病的人就是与长期受到的不良暗示有关。生活中，一个人受到当时身体与心理状况的影响，思前顾后，结果就会产生不良的自我暗示。

值得一提的是美国心理专家对 NBA 篮球队的比赛进行考察后发现，比赛中投手能否投出好球决定于投出的顷刻之间，只要他想投出好球，并给出相应的情绪操作，结果就容易如愿以偿。相反，投手情绪不好时都容易投出坏球。在投出好球之前，投手一定要充满信心，这种情况就属于一种自我催眠。而毫无自信心的投球也属于自我催眠。在篮球投出之前，一切好坏结果都会受到自我暗示的作用。

心理学家认为，暗示是催眠之母。要将一个人催眠，从头到尾都要使用暗示法。在催眠师的暗示和诱导下，被催眠者身上产生暗示性反应，暗示性越强，催眠效果越好。暗示性程度，既取决于催眠师的技艺和权威性，又取决于被催眠者的感受性。

心理被"烧伤了" >>

XINLI BEI SHAOSHANG LE

很多人倾向于这一说法：催眠术所产生的催眠现象，是一个复杂的心理—精神—生理的活动过程。

精神是人脑的产物，是人脑对客观事物的反应；人脑是精神的物质基础，是精神的器官；两者在一定条件下是可以互相影响的。

人脑，我们称之为躯体活动的司令部，其发出的指令主要靠神经系统来完成。人的神经系统又各有功能，它们支配和管理着人体躯干、内脏，负责运动、各种感官（视觉、听觉、嗅觉、味觉、触觉）、内分泌、性、学习、语言、记忆等活动。

人的精神活动不仅产生于大脑，而且可以反过来，神经系统对人体的每一部位和器官产生作用。比如消极情绪（精神过度紧张、严重的精神创伤、长期忧郁寡欢、悲观失望、悲伤、矛盾、恼怒、烦躁等不良情绪），不仅会使人的大脑功能下降，记忆力减退，还会引发一系列问题，如内分泌失调、免疫力降低，使正常的细胞畸变而导致癌症。临床医学证明，像高血压、脑出血、冠心病等，都与精神因素有关。另外，长期处于害怕和恐惧会导致人的免疫力下降。有的人会因为医院的误诊，以为自己癌症晚期已经到了生命的尽头，因而本来一个活蹦乱跳的人不久会郁郁

※　催眠暗示可以使人产生某种特殊的感觉

圣痕

圣痕是指基督教徒们在想起耶稣被钉在十字架上的悲剧情景时，有些人可能手心和脚心会像耶稣那样流血。

寡欢，最后是卧病不起，甚至在短时间里会离开人世。所以说，不良情绪是疾病的温床。

催眠、暗示就是利用一定的方式、方法和技巧，按照一定的步骤，在病人自愿配合下，或巧妙而迅速地，或诱导而渐进地，使病人进入一种近似正常睡眠；或者进入一种虽然头脑清醒，但自主意识淡漠，处于宁静、服从的心态下的心理状态。病人除了与催眠医生具有一种信息联系外，外界的其他诸如声音，甚至针刺等物理刺激对患者都不构成影响。在这种情况下，催眠医生可以通过语言、声音、触觉等指令，通过意念—神经——这一"传导通道"传到人的全身，使病人的心理、情绪、思维、语言、行为、感觉乃至生理机能发生某些反应和改变。如"人桥"现象，就是在催眠状态下，脊神经作用引起肌肉紧张的缘故。

请看如下"心理被烧伤"的试验。

有一位催眠师拿了一支温热的筷子，暗示受术者说："这是一根烧红了的火签，你的胳膊要被这只火签烫着，马上发红、起泡。"然后他把筷子放到受术者的胳膊上，受术者会很惊慌，并即刻将胳膊缩了回去，好像真的被烫着一样。触摸到的部位出现烫伤的痕迹，与常态下的烫伤没有区别，用显微镜检查其"烫伤"处，病理变化与一般烧伤毫无两样。基督教徒所称的"圣痕"事实上就类似于这种情况。

"心理烧伤"的实验，足以证明精神、心理与生理之间的关联，这种现象具有重要的价值，它揭示了心身疾病形成的基础——即纯心理或精神刺激可导致器质性病变; 同理, 纯心理的刺激也能治愈心理疾病。

　　这一理论的拥护者认为, 每一个人的身—心—灵, 其实是一体和互动的。一个人生理的疾病往往来源于心理上的病患。一般地, 当人们身体上面的病患出现的时候, 都会去就医, 吃药、动手术。但是这些病有可能会复发, 甚至很多疾病是无法根治的。其中一个原因, 是这些病患其实是来源于心理上的病患。而一旦当这些心理上的病患解决了之后, 自然而然地, 很多的疾病会奇迹般地不治而愈。

※　人桥

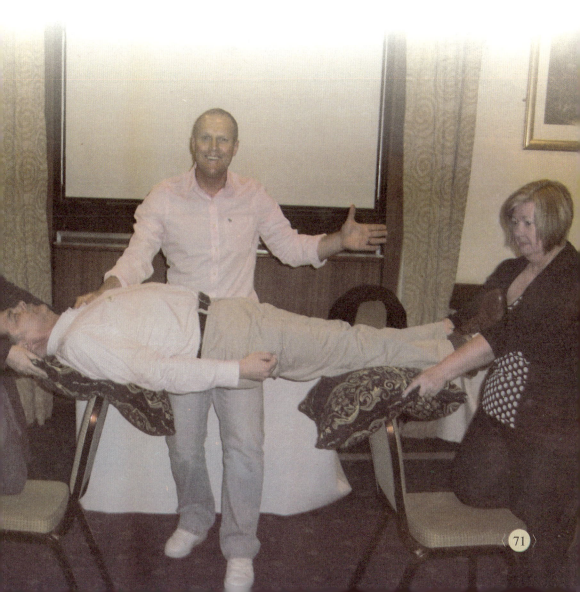

人的潜意识活动 >>

REN DE QIAN YISHI HUODONG

※ 著名的心理学家奥托

弗罗伊德的"冰山理论"

"冰山理论"把人的心灵比喻为一座冰山，浮出水面的是少部分，约占5%，代表意识；而埋藏在水面之下的大部分，则是潜意识。弗洛伊德认为人的言行举止，只有少部分是意识在控制的，其他大部分都由潜意识所主宰。当一个人处于正常的状态下，比较难以窥见潜意识的运作，这时，梦是最好的观察潜意识活动的管道。

弗洛伊德的潜意识理论，对于我们进行催眠的实验和研究有着重大的意义。部分研究者认为，催眠状态实质上就是一种潜意识状态，催眠术是通往潜意识的"桥梁"。催眠师应用催眠手段使被催眠者由意识状态进入潜意识状态，而后的一切活动，包括咨询、治疗、对话乃至表演，都是在被催眠者的潜意识状态下进行的。

意识是目前正在进行的、可感觉到的心理活动，它的地位相当于人的感觉器官；而潜意识是无法知觉的精神活动，无法知觉的意识，但它有巨大的力量。在精神疾病患者身上，可以非常明显地看到潜意识的作用，例如无法解释的焦虑、违反理性的欲望、超越常情的恐惧、无法控制的强迫性冲动，这明显地让我们看见意识的力量如此微弱，潜意识的力量像台风一般横扫一切。

一个人要实现自己的职业生涯目标，干出一番惊天动地的事业，须在树立自信，在明确目标的基础上进一步调整心态，开发潜能。因为科学家们研究发现，人具有巨大的潜能。若是一个人能够发挥一半的大脑功能，就可以轻易学会40种语言、背诵整本百科全书，拿12个博士学位……

著名的心理学家奥托指出，一个人所发挥出来的能力，只占他全部能力的 4%。也就是说，人类还有 96% 的能力尚未发挥出来。

一个孩子的母亲，能准确无误地接住从四楼阳台上掉下来的孩子。你相信吗？但这的确是一个真实的故事。

有一位年轻的母亲，在家照顾她两周岁多的儿子。孩子睡着后，母亲把儿子放在小床上，她趁儿子熟睡这段时间去附近的菜市场买菜。这位母亲买完菜走到居住的楼群时，由于惦记着儿子，她不由得朝自己居住的方向望了一眼。这一望她发现四楼窗台上有个黑点在蠕动。"糟了，我的儿子！"她大叫一声，疯狂地往前跑，边跑边喊："孩子不要往外爬！"但是孩子哪里听得懂呀，他看到妈妈朝她挥手，兴奋地乱蹬乱舞，拼命往外爬。要跑到四楼阻止儿子，已经来不及了。于是，这位母亲以惊人的速度拼命地跑，刚好在儿子掉下来的一刹那，跑过去伸出双臂稳稳地把儿子接住了。那速度，最优秀的运动员也难以企及。

※ 名画——《小椅子上的圣母》。母性的本能说明人的潜能是存在的

这件事立即在当地轰动了，电视台记者来了，要把这人间奇迹定格下来。于是，他们找到这位母亲，要她重复一次。这位母亲惊恐地摇摇头，死也不干。后来，记者说："不是让你的儿子重新试验，只是找个布娃娃从四楼掉下来，你再去接住。"这位母亲同意了。

但是，一次、二次、三次，她跑过去的时候布娃娃都掉在了地上。这位母亲说："可能因为孩子不是自己的，并且又是假的。"

可见，母性的本能让她爆发出瞬时的潜能，足以说明人的潜能是存在的。催眠就能激发人的潜能。

有人递给一个大学生一份报纸，其中有三段被做上了记号，要求这个大学生背下来。他专心致志地埋头背诵，直到他认为自己已经记牢。半个小时后，他几乎是把这三段逐字不差地背了下来，仅仅只漏掉了一两个字。然后心理学家问他，报纸上其他的内容他记住了多少？这个学生笑着答道："我没有记住任何其他的内容，因为我的全部精力都在这三个段落上了。"后来，心理学家对年轻人施加了催眠术，一件耐人寻味的事发生了：年轻人不仅背出了这三段，而且还背出了这份报纸上的绝大部分内容。

报纸上的信息进入了年轻人的潜意识，潜意识又具有良好的记忆功能，因此在催眠术的引导下出现了上述情景。

※　催眠治疗图

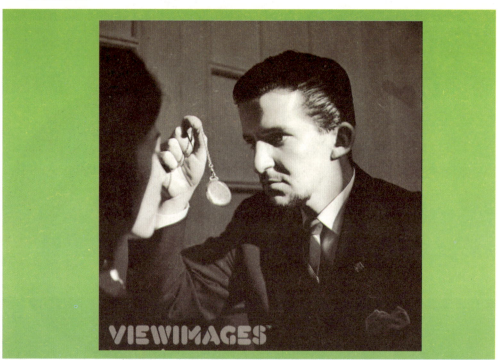

催眠术在医学上是一种非常有效的技术治疗，许多疑难杂症，在其他方法不能奏效时，一旦改以催眠治疗，往往能迅速找出真正的病因。那是因为催眠是一架能够直接连接意识与潜意识的桥梁，直接进入潜意识搜索深层的压抑、痛苦、创伤、欲望和久远的记忆，直接曝光意识努力想隐藏或伪装的事情。催眠师直接与受术者的潜意识对话，直接给潜意识输入新的指令。

催眠研究发现，心理失调的人，所表现出来的各种怪异行为，是由自己无法控制的潜意识力量造成的。有些负面情绪，人们无法接受的时候，就将它压制在心底。压抑，表面上解决了一个问题，实际上相对制造了更大的问题。由于不能面对问题，整个人格遭到扭曲，问题反而更加严重。于是，接踵而来的是更多的心理问题，长期的困扰自然就反映在生理上，疾病也就不约而至了。

在催眠状态下，催眠师与受术者的潜意识对话，追溯到事情发生的源头，让受术者重新回忆这些已经被遗忘的不愉快事件，将一直暗暗压抑在心头的厌恶情感发散掉，就可以消除受术者的一些症状。

每个人的潜意识有一个坚守不移的任务，就是保护这个人。实际上，即便在催眠状态中，人的潜意识也会像一个忠诚的卫士一样保护自己。催眠能够与潜意识更好地沟通，但不能驱使一个人做他的潜意识不认同的事情。催眠使人重新访问自己，整合意识与潜意识，达成融洽无间的合作关系；让人反观内心，向内寻找问题的根源，问题找到了，接下来的治疗就不在话下了。

无法喝水的少女

有一个著名的病例。一位少女患有一种怪病，她的症状是无法喝水，虽然她可以把杯子端到嘴巴旁边，却怎么样也无法把杯子里的水喝进口中。连续六个星期，她没有喝到一滴水，只能靠水果来补充水分。医生成功地诱导她进入催眠状态，于是，她回忆起病症的根源。原来她特别讨厌的家庭教师用她的杯子给一只小狗喂过水，她对家庭教师的行为很反感，但是出于礼貌，她又不能说什么。从此，她对水有了一种恐惧感。等她说出这段遗忘的记忆之后，从催眠状态醒来，那种不快的感觉已完全消失了，无法喝水的症状也就消除了。

PART 4

第 4 章

大比拼

　　虽然催眠术已经由"灰姑娘"变成了"公主"，可是人们对其极端的误解依然不断。有人认为催眠师是神，不是凡人，得知催眠师没有特异功能、没有气功时就会大惑不解；有人认为催眠术是包治百病的良药，是百利而无一害；也有人持与此相反的观点，认为它是骗术、邪术……

神 VS 江湖郎中 >>

SHEN vs JIANGHU LANGZHONG

这是《鲁豫有约》中的一段催眠秀表演，来自加拿大的国际顶级催眠大师格兰·亚历山大先生和他的搭档大明的现场催眠秀。

当大师对自愿者进行催眠后，在其沉睡之际，用语言声音制造了一个音乐场景，然后发出指令，让大家顺手拿出"椅子下方的乐器"开始演奏。台上的人便纷纷弯腰拿乐器，然后开始表演。从他们的手势中不难猜出，有的在吹笛，有的在弹电子琴，有的在拉弦乐，有的在弹吉他。大师进一步暗示："弹吉他的请站起来弹。"果然就有人站起来，有模有样地做吉他表演的手势，身体还随着音乐在摇摆，一副陶醉样。

最有意思的是，当台上的人都处在安静的催眠状态时，大师突然暗示："现在天气开始冷了……已经零上5度……零上1度……零下2度、零下5度。"就见那些本来安静睡觉的人开始摩擦自己的胳膊，慢慢地，这些人浑身紧缩成一团，有的甚至在瑟瑟发抖，像是处在极度寒冷中。接着大师暗示："现在你

※ 关于催眠的宣传海报

HYPNOSIS CAN MAKE YOU SLIM!

要马上抱紧你身边的人，他能给你取暖。"于是，相邻的人开始相互紧紧依靠或拥抱，抖动和紧缩的身体开始缓解。

以上那些表演都处在闭目睡眠中，大家也许早有耳闻，还有更不可思议的就是睁眼完成的表演。

当大师让其中一个人睁开双眼，随着他的暗示语和手势动作，他的眼神便开始随着大师的手势忽上忽下，忽左忽右地转着，像个被操纵的机器人。只听到大师一声"你中弹睡过去了"，那人的脑袋立马就往椅背后一仰闭目睡去了，似乎真的中弹了一样。这个人醒来后称，自己就见一颗子弹在他眼前飞来飞去，然后就打中了他。

催眠秀中，看着台前被催眠的人们东倒西歪如同失去意志，催眠师神采飞扬地发号施令，观众们忘情投入激动不已，对着参与的志愿者更是开怀大笑。

还有更多精彩神奇的舞台催眠秀在前面已经介绍过，像"人桥"催眠、动物"催眠"等。很多人不知道用什么词来形容对催眠的观后感，神秘？神奇？令人惊讶？不可思议？乍一看催眠给人以神秘、魔术般的印象，这也是合乎情理的。

凡看到成功的催眠表演的人，除了啧啧称奇外，对催眠师都有一种不可名状的崇敬之情。至于接受过催眠术的人，更有可能产生移情现象，那种敬仰之心更是难以言表，对催眠的兴趣也就更加浓厚，纷纷加入到催眠学习大军的队伍中去。大部分人认为，催眠师非同凡人，简直就是神，他们具有非凡的能力和魅力。这种能力与魅力是可望而不可即的，普通人只能望其项背，自叹不如。很多人说起心目

格兰·亚历山大

格兰·亚历山大博士，加拿大心理专家，拥有加拿大不列颠哥伦比亚大学心理学及人类发展专业学位。他在北美创立了世界上第一个双人组合催眠团队，并制定了加拿大伦理催眠学院双人导入标准（Standard For Dual Induction Hypnosis），为世界 500 强企业 CEO 提供咨询和培训服务；现任加拿大伦理催眠学院亚洲区总监。亚历山大先生是催眠专业领域最高级别的督导师，同时也是清华大学特聘的专家。他的娱乐催眠双人组，开始在世界各地进行娱乐催眠秀。在娱乐秀场上，他甚至有一个艺名——混沌博士（Dr. Chaos）。

他把以往催眠教学授课的方式扩展成为一种轻松的喜剧表演，把科学赋予艺术的表现形式，并直接成为舞台娱乐的全新形式。他刻意帮你在轻松快乐的氛围中发现自我的内在宝藏，找到生命中潜藏的、用之不尽的生命能量。

中的催眠师印象，是全身穿着黑衣服的人，头上戴着高高的尖帽子，一双看透人心的眼睛是那么坚毅，仿佛会射出一道道电光，刺进被催眠者的灵魂。当然这样的印象大概是来都电影媒体的渲染，把催眠师与魔法师画上等号了。

有了这些认识，老百姓学催眠，产生了让专业人士哭笑不得的事。有的催眠师在教爱好者催眠前，会让他们为自己制定想要实现的目标。他们的目标千奇百怪，有的想减掉20斤，变成窈窕淑女；有的想让自己的股票天天涨停；有的想中500万等。在他们的眼中，似乎催眠师是法力无边、无所不能的神。

事实上，催眠师并不是什么神，催眠师与普通人相比，根本就没有什么区别，只不过是他们熟练掌握了催眠术这一专门技术而已。之所以能产生种种神奇的现象，治疗好这样那样的疾病，只是他们有效地、娴熟地运用了心理暗示的手段达到催眠治疗的目的。这里需要指出的是，受术者认为催眠师非同凡人，而是无所不能的神，这对于催眠施术来说，具有正反两方面的影响。

从正面来说，由于认为催眠师非同凡人，这在无形中加强了催眠师的权威性，人们对催眠师的信任使得催眠施术能够更快、更有效地进行。有位患失眠症的男子到催眠师的治疗室治病，催眠师还没有实施催眠，此人就躺在椅子上睡着了，醒来之后就说感觉好多了，其实他只是在催眠师这里睡了一

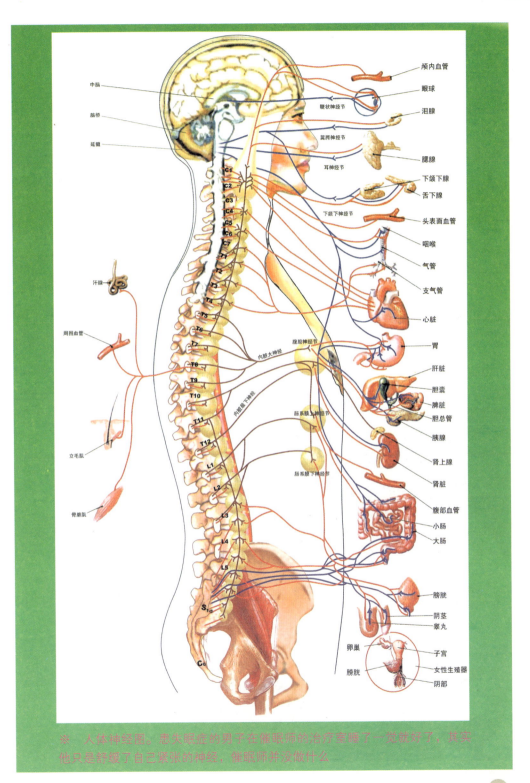

中脑
脑桥
延髓
汗腺
周围血管
立毛肌
骨骼肌

C1
C2
C3
C4
C5
C6
C7
T1
T2
T3
T4
T5
T6
T7
T8
T9
T10
T11
T12
L1
L2
L3
L4
L5
S1-5
Co

内脏大神经
内脏最下神经

睫状神经节
翼腭神经节
耳神经节
下颌下神经节
腹腔神经节
肠系膜上神经节
肠系膜下神经节

颅内血管
眼球
泪腺
腮腺
下颌下腺
舌下腺
头表面血管
咽喉
气管
支气管
心脏
胃
肝脏
胆囊
脾脏
胆总管
胰腺
肾上腺
肾脏
腹部血管
小肠
大肠
膀胱
阴茎
睾丸
卵巢
子宫
女性生殖器
膀胱
阴部

※ 人体神经图。患失眠症的男子在催眠师的治疗室睡了一觉就好了，其实
他只是舒缓了自己紧张的神经，催眠师并没做什么

※ 催眠师更多时候的境遇很尴尬

觉，舒缓了一下自己紧张的神经，催眠师并没做什么。由此可见，认为催眠师非同凡人，确实起到了帮助催眠施术顺利进行的作用，这一强有力的暗示大大加剧了催眠效果。对催眠医疗来说，不能不算一件鼓舞人心的事情。

然而，正如一张纸具有不可分割的正反两面一样，这种认为催眠师非同凡人的想法也会给催眠治疗带来不好的副作用。这种副作用的典型表现是，受术者会过分依赖催眠师，在催眠过程中，他们会有良好的反应，也收到好的疗效。但回到现实生活中，每每有无所适从之感，觉得没有催眠师的直接指导，无法适当应付当前的情境，又会陷入困境。此外，受术者对催眠师的"移情"作用会进一步加深，爱屋及乌，会不自觉地视催眠师为父亲、母亲或情人等生命中最重要的人。有人甚至会感到不可一日无催眠师，催眠师成了他们的精神支柱，这给催眠师和受术者都带来极大的烦恼。弗洛伊德就是因为他的女患者"移情"亲吻他后，开始对催眠术避而远之。

认为催眠师非同凡人以后，人们往往认为催眠师无所不能，认为催眠术可以包治百病，可以解决一切问题，百利而无一弊，于是把什么都寄托在催眠术上。当发现催眠术不是自己想象中的

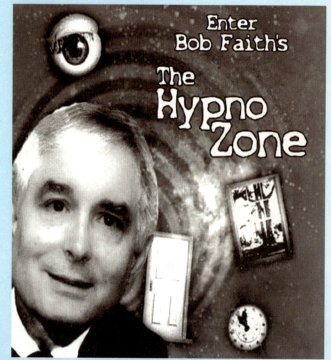

Enter
Bob Faith's

The
Hypno
Zone

"法力无边"后，这些人又在心里嘀咕："难道是江湖郎中的骗人伎俩？"

※ 真正的催眠师是利用催眠的科学性来造福人类的

有位催眠师一直在苦恼，苦恼人们对催眠术的误解。曾有人找到他，说是想看他表演"人桥"，他谢绝了。他不愿看到这种"秀"让催眠变成一种可以售票的节目，所以拒绝表演。然而旁人产生怀疑，这个催眠师是不是水货？"人桥"根本就是骗人的把戏？进行催眠施术后，常有旁观者提这样的问题："你有气功吗？""你有特异功能吗？"当给他们的回答是"没有"时，往往会发觉对方的眼光里有怀疑的神色。

其实，催眠术的出身并不好，最初具有欺骗性。那时的催眠现象带有浓厚的神秘与迷信色彩，有时成为宗教活动不可缺少的一部分，人们对催眠术的误解也就很在所难免了。当年名噪一时的麦斯麦不就被法兰西科学院认定为骗子被逐出吗？在舞台催眠早期，也的确有冒牌的舞台催眠师与同伙演"双簧"欺骗观众。有的时候，有些人又喜欢把催眠师吹得天花乱坠，神乎其神。吹捧的声音多，自然反对的声音就更多，人们就会越发怀疑催眠师的能力：有这么神奇吗？能包治百病？能"眠"到病除？这不就是江湖郎中的骗子作为吗？

※ 给青蛙催眠

像"动物能不能被催眠"这个问题就存在很大的分歧。催眠师把一只活蹦乱跳的母鸡催眠了，此举无疑也能刺激观众，让人深切感到"催眠"和"催眠师"的神奇。但是也有很多人对此持有怀疑态度，他们觉得鸡和人毕竟不同。催眠是靠相互配合，才能完成的一种生理现象，怎么能把对人的手段，复制在鸡的身上。于是马上有人指出，这不是催眠，只是一种人人都会的小把戏。于是，来一个现场表演，看鸡真的被"催眠"了。催眠师做的事情普通人也会啊，人们就更怀疑了，催眠师的表演不就是拉些人到他那里做治疗吗？就像江湖骗子搞些"油锅捞东西"的表演来蛊惑人心一样。

这样，催眠师就很容易被冠以"江湖郎中"的恶名。催眠术在中国，一直像是一只过街老鼠，长时间被归入迷信范畴，没有它合法的容身之地。国内尚没有一位具有专业资格的催眠师，就连普通催眠师也屈指可数。除了一些从海外学成回国的专业博士外，许多人是由本土催眠师培训班教授出来的。

其实国外有的国家已经把催眠术引入正规医疗机构，让本来带点儿神秘色彩的催眠术成为一种有效的医疗手段。催眠医疗师更是一种正当的职业。他们娴熟地掌握了催眠技术和方法，是心理专业人士。他们对心理、生理上有问题或疾病的人进行调整和治疗，不是搞些骗人小把戏的江湖郎中，人们是可以和他们建立信任的。随着社会的发展，催眠师发挥着越来越大的作用，他们为千千万万的人解决心理和生理上的困扰，给人们带来了福音。

※　给鸡催眠

当然，在国内，大多数催眠诊疗机构旗下的专业催眠师也并非"江湖郎中"。心理诊疗机构打出专业催眠师的旗号虽然有吸引眼球之嫌，但其开办还是要经过各地方省市有关部门认证后才能拿到从业执照。这其中就规定此类诊疗机构必须拥有专业的心理咨询师或心理治疗师。

作为催眠师，在治疗病患时，是利用催眠的科学性来造福人类。在治疗环境之外，如果有催眠师巧立名目通过催眠方式来摆布人们，那么催眠师就不能称为催眠师了，他就是纯粹的江湖骗子。催眠也不称为催眠，而是迷魂计了。

催眠治疗师既不是"神"，也不是骗人钱财的"江湖骗子"。如果你想用催眠来预测股票走势，如果你想用催眠来推测出彩票的号码，最好还是作罢。如果你觉得催眠师是在玩骗人的把戏，那就亲身实践下。

灵丹妙药 VS 江湖骗术 >>

LINGDAN MIAOYAO vs JIANGHU PIANSHU

　　在众多的学科中，大约很少有像催眠术这样的学科，自问世以来就招致种种误解与滥用，在夹缝中艰难求生存。尽管如今催眠术本身已有了长足的发展，在心理医疗上取得了骄人的成绩，科学家们也已从多角度对之进行了深入的研究，也从不同角度提出自己的见解。然而，由于催眠中种种神奇的现象没有得到令人信服的解释，所以种种误解与滥用仍然屡见不鲜，时时发生。就像一个在责难声中长大的孩子屡遭非议。甚至在有的国家，催眠术一直像是

一只过街老鼠，长时间被归入迷信范畴，没有合法的容身之地。

随着科学知识的普及，从国外影视媒介、科普文章中，尤其是介绍催眠的出版物中，人们开始知道了催眠术为何物，了解了催眠术的功效。尤其是看过催眠施术及其种种神奇现象，或者就是亲身体验过催眠术的人，对催眠术更是坚信不疑。他们大力宣扬催眠术无所不能，是包治百病的灵丹妙药。谎言重复一百遍，似乎就成了真理。产生"催眠术能包治百病"这样的误解，原因主要有以下几点。

第一，这些人对催眠术缺乏足够的了解，缺乏科学的认识。他们仅从自己所见、所闻或所经历的便作出推论，有的甚至是道听途说，自己相信后，大力推广。简言之，因催眠术能治好某种疾病，便认为可治好一切疾病；因催眠术对一个人或多个人有效，所以就认为催眠术对所有的人都有效。

第二，催眠师或催眠术研究者出于自身的偏好，于无意识中夸大了催眠术的功效。例如，在一些催眠书籍或报刊中，就有一些不严肃的阐述，片面夸大了催眠术的作用；有的催眠秀中，催眠师的目的不排除是为了吸引更多的病人前去治疗而搞一些夸张的表演，让追随者们对催眠术的神奇治疗作用深信不疑。如果受术者在催眠中收到好的疗效，催眠师就美名远扬了。

第三，迄今为止，催眠术似乎还披着一层神秘的面纱，对于催眠的很多原理人们还是未研究清楚。正是由于它的神秘性，让催眠术看上去扑朔迷离，使得人们进一步加重了催眠术能包治百病的误解。

催眠与封建迷信

在我国，有一种源远流长、至今仍时有出现的迷信形式，这就是"扶乩"。具体做法是，在一根长约 1 米的圆棒中央放一根 20 厘米长的木棒，使之成为"丁"字形。横棒两端各由一人扶住，用竖棒的棒尖在装满沙子的沙盘上写字。扶棒的两人中以一人为主动者，另一人为助手。据搞迷信活动的人称，在这种情况下神与人便可沟通交流，上天的旨意通过持棒者的手书写下来。果然，持棒者在无意识之中写下了所要求得到的答案，以及对未来的预测。这种方法，常使得观者和当事人不得不为之折服。这一方式后来也为其他迷信活动所采用。

在深度催眠下，可以使患者产生自动书写的现象，在施加特定暗示的情况下，受术者可以写下与其疾病有关的经历。因此，在临床上，催眠师常常通过受术者的自动书写来窥探受术者意识不到的、隐藏在潜意识中的、形成其心理病变的关键因素。

民间的"跳大神"，就是利用神秘感将人催眠，达到治疗疾病的效果，这是古代有些地区的一种治疗疾病的方法。但是，后来大部分的跳大神的人都会借此宣扬迷信活动，敛取钱财。

催眠术与封建迷信、宗教活动相比较，确实有很多相似之处，这也使得某些人感到催眠术不是正常科学。另外，从催眠施术过程来看，与宗教活动相似之处也颇多。有一些催眠术的不当使用者，他们将催眠术用于不可告人的目的，这些用途使人们对催眠的偏见更加根深蒂固。

许多人对催眠术都抱着一种崇拜甚至盲目迷信的心态，把催眠术看成了最适宜自己的治疗手段，或者是自己疾病最后的救命稻草。国内有一名著名催眠师在一篇心理咨询手记中提到了自己利用催眠技术缓解了一位男孩子的焦虑情绪，所以，在该手记发表后的一段时间里，找他做催眠治疗的人络绎不绝。

催眠术是灵丹妙药吗？

其实不然，催眠术也有一些禁忌症。例如，对于精神分裂症患者、心脑血管病患者、癫痫病患者等，使用催眠术可能是有害的。此外，在治疗各种生理、心理疾病的催眠实践中，人们也发现，对于某些身心疾病，催眠术的效果比较显著，对于另一些身心疾病，催眠术虽然也有作用但效果并不那么尽如人意。

世界上绝没有什么包治百病的灵丹妙药。催眠术确实具有巨大的效应作用，确实能在许多方面给人类提供有效的帮助，但它绝非能包治百病，绝非能解决人类的一切心理问题。固然有人用催眠治好了癌症，但是不是所有的癌症病人都能用催眠治好；固然有人用催眠达到减肥效果，但是不是所有的女人都可以依葫芦画瓢。

人们对催眠术应持有一个恰当的期望水平。期望水平过高，容易导致失望，反而会使催眠术的声誉受损。事实上，稍有科学头脑的人都十分清楚，世界上绝没有什么包治百病的灵丹妙药，只有骗子才会夸这样的海口。如果催眠可以包治百病，还研发出那么多新药干什么？如果催眠可以包治百病，

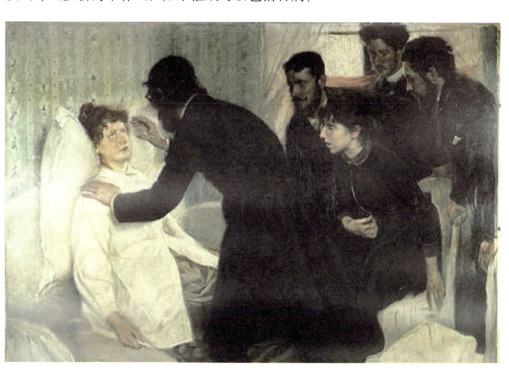

※　正在被催眠的人

那世界上的疑难杂症应该早就被攻克了，世界上就没有在痛苦中受煎熬的病人了。

就像某催眠大师所说，催眠固然有许多功能，但是不要无限上纲为万灵丹。我们仍然要知道事情的成功需要许多条件的配合，不要迷信催眠，不要误用催眠，更不要滥用催眠。

对同一事物的看法，人们总会有两种不同的声音。有人说催眠术是"包治百病的灵丹妙药"，也有人会站出来说："催眠术是江湖骗术。"有人送鲜花，有人扔臭鸡蛋。

自催眠术问世之日起，"催眠术是江湖骗术"这一误解也就随之而产生。当年名噪一时的"麦斯麦术"不就被法兰西科学院宣布为毫无科学根据的江湖骗术吗？就是在今日，在网上搜一搜，你也会发现，反对催眠术的声音此起彼伏，视催眠术为歪门邪道者仍然为数不少，对催眠术嗤之以鼻的大有人在。出现这种误解的原因无非是以下几个方面。

第一，有些人对催眠术和催眠现象一无所知，认为这些是催眠师蒙人的小伎俩。他们从来没有这一方面的知识经验，即使有也是持完全怀疑的态度。面对种种神奇的催眠现象（尤其是在自己未亲眼所见的情况下），根据自己的常识进行推断，认为这些都是不可能存在的事情。舞台上的神奇表演让他们觉得那是催眠师早就找好的托儿，只是催眠师与受术者的"默契"配合而已，所以这些人觉得催眠术与江湖骗术无异。

第二，过去与催眠相关联的古老恐惧依旧阴魂不散。有些人发现催眠术的施术过程与有些封建迷

※ 算命先生漫画。有人认为，催眠术也是这样的江湖骗术、封建迷信活动

信活动的形式有相似之处，由此而断言催眠术是一种江湖骗术，把两者混为一谈。诚然，有些催眠的施术过程以及催眠现象的确与封建迷信活动有相似之处，更有甚者，很多江湖骗术就是利用了催眠原理在行骗。像催眠中的自动书写现象与我国的"扶乩"很相似。

第三，有些正统学院派心理学家们，也认为催眠术是异端邪说，不能登大雅之堂。这一批人认为催眠术是江湖骗术的主要原因是由于催眠术的体系以及它所揭示的种种催眠现象，与其原有的知识结构存在严重的冲突。他们发觉，如果视催眠术为科学，那么许多正统的心理学理论和心理学研究成果，会被无情"推翻"，已经建立起来的心理学大厦将会倾塌。再加上科学家们还难以解释催眠的作用机制，学术界也对催眠的性质及其真实性争论不休也就难免了。

对于第一种情况，即由于对催眠术一无所知而认为是骗术加以抵制的人，只要自己真切地看到实际催眠，或者亲身体验一把，并了解一些催眠术方面的知识，这种误解就可以消除。

对于第二种情况，即由于催眠术与封建迷信、宗教活动在形式上有相似之处，故而人们认为催眠术是江湖骗术。我们只要告诉他们并使他们明白：催眠术是有意识地运用心理暗示，宗教迷信活动于无意识之中也在不知不觉地运用心理暗示，它们在原理上确有共同之处。这三者在形式上与表现上有相似之处也就不足为奇了。但是，我们要看到，宗教活动利用上述现象使信徒们更加信奉上帝，封建迷信达到骗人钱财的目的，而催眠术则通过上述现象开拓人类的潜能、治疗人类的疾病，它们的目的不同，意义更不同。因此，尽管它们有某些相似之处，但绝不能把它们混为一谈，需严格区分。

针对第三种情况，在对催眠术进行了剖析之后即可发现，它所揭示出的若干"不可思议"的现象与目前的心理学研究成果并不是相互冲突、水火不相容的。只是由于意识状态的不同，而出现了许多不同的心理现象。虽然催眠术还没有确立为一门独立的科学研究学科，仅仅作为心理学的附属学科，它们可以相互补充、相互印证；而绝不是相互排斥，斗得你死我活。真正的辩证唯物主义者决不避开任何自己暂时不能解释的现象，而是会以极大的勇气正视现实，会以宽容的态度去接受它，不能视之为江湖术士的妖法而将其排斥在科学殿堂之外。

技术 VS 简单方法 >>

JISHU vs JIANDAN FANGFA

　　按照字面解释，人们很容易认为"催眠术"就是催人入睡的技术，其实这二者根本不是一回事，它们之间存在着很大的区别。

　　催眠更多的属于心理现象，较少的属于生理现象。睡眠则全部属于生理现象。

　　被导入催眠状态的受术者，即使看上去睡得很深、很熟，而且他们还能接受暗示指令，并且敏感性相当高。觉醒以后，催眠暗示仍然能够起作用。然而，在普通的睡眠状态中，人们基本上不能接受暗示。

　　处于催眠状态中的受术者，能接受催眠师的暗示指令，可以与他人进行沟通，从而可以开发潜能、改善自我、治疗多种身心疾病。事实上，正是通过对话，催眠师才能挖出隐藏在受术者潜意识中的心理问题。而在沉睡或梦游状态的人，是不可能正确理解他人语言并按照施术者的暗示、诱导去行动的，除了做梦以外，不可能与外界有任何交流与沟通。

　　处于催眠状态中的受术者，如果催眠师没有下达要求受术者忘掉催眠过程中全部经历的指令，受术者醒来后可以清晰地记住所经历的全部事项，醒来之后的意识也如同晴空一般清澈。在普通睡眠状态中，则不可能有如此表现。

唯一让人瞠目结舌的是，被催眠者不能按照逻辑清楚地解释自己为什么那样行动。而采取或被迫采取这种无法说明动机的行为，恰恰就是催眠术让人发生兴趣的地方。

催眠术这门技术，看上去似乎人人都可以掌握，并且能在精通理论前就能应用。只不过既然是"术"，就会有人用得好，用人用得差，而且个人的领悟能力有差异，有提高快的人也有提升缓慢的人。做任何事情都有天资高低之别，何况"术"也分简单易懂的初级阶段和艰深难测的高级阶段。能达到哪个阶段，就取决于学习者的决心和努力程度了。催眠术并非难学之"术"，诱导人们说出"猫怕老鼠"的初级催眠术相信大多人都会，不过想成为一名优秀的催眠师就不容易了。

※ 经典的催眠培训场景

在有的催眠培训班里，培训时间也就三到五天。几天就能培训出一个催眠师？似乎催眠术学起来很简单。日本催眠大师美童春彦也曾说过，只要熟读他的一本小册子，保证能够立即成为催眠术的精通者。难道真可以一册在手，决胜千里？

其实三天并不能培养出一个催眠师，三周也不培养出一个催眠师，三年也难说。催

美国申请催眠师资格的条件

在美国，申请催眠师资格的条件非常严格。美国心理学会对催眠师资格申请规定了以下几个方面的条件：

第一，必须是美国或加拿大心理学会的正式会员；

第二，曾获得过有关心理学方面的博士学位；

第三，必须具备5年以上的专业工作经验，同时具有相当的业绩，在这5年的工作期间内，必须接受一年的研究所课程训练，其工作要在专业人员的监督之下；

第四，要发表有关催眠方面的研究论文，拥有临床心理学、咨询心理学的资格；

第五，经美国心理学催眠实验委员会考试认可。

眠的培训只是一个简单入门。催眠的入门并不难，有三五天的时间就足够。催眠难就难在催眠的精进，难在理解催眠的精髓，这需要长时间的实践。有的催眠培训班成了催眠教师的表演课，在一番渲染后，只在现场表演一些催眠现象让大家感到新奇，而不能将催眠的原理的基本操作手法讲透，学员也缺乏老师指导下的现场练习。培训结束，学员只觉得老师太神奇了，催眠太神奇了，自己却一无所获。

一册在手，决胜千里；一学就会，一会就能用。这种说法更是极不负责任，这将贻害读者，更将贻害这些读者中的受术者。催眠术是一门专业性很强的综合性的学问，要想真正掌握和运用催眠术治疗，必须具备心理学和医学两方面的业务知识，一般说来，悟性较高的人，在细心观察了几次催眠师的催眠施术，阅读了一两本催眠书籍以后，有可能将感受性较高的受术者导入催眠状态。然而在治疗心理障碍的患者时，没有经过心理治疗的训练，很可能加重患者的病情，产生种种副作用，带来各种病理的心理状态。

在有些国家中，政府已经明令禁止非专业人员从事催眠施术。并不是掌握了点催眠术的皮毛就可以做催眠师的。三五天的培训和熟读基本催眠书籍只能算是跨进了催眠术的大门，离真正的催眠大师还相隔十万八千里。无论是心理学工作者，还是医务工作者，要想有效地开展催眠术，都要加强学习。接受系统的培训指导，是迅速开展催眠术工作的一条捷径。

催眠术的实施是一项严肃的工作，来不得半点虚假的成分。因此，在没有充分的理论知识，没有熟练地掌握这门技术之前，就贸然对他人正式施术，既不可能获得圆满成功，同时也会败坏催眠术的名声。所谓熟练地掌握，是指在心理学方面有一定的造诣，透彻地理解催眠术的基本原理，对操作的全过程正确把握，对催眠状态的典型特征了然于心，对催眠过程中的突发事件妥善处理，娴熟、准确地运用暗示指导语，真切地洞察受术者的种种反应，并能恰当地控制自己的语音、语调和节奏，真正做到催眠治疗的目的。

催眠并不是简单的催人睡眠的技术。有鉴于此，那种催眠术一学就会，一会就能使用的说法，实质上是对催眠的一种极大的误解。

※ 算命先生 VS 催眠术

百利 VS 百害 >>

BAILI vs BAIHAI

※ 戒烟标志。催眠可以应用到戒烟治疗当中

虽然对催眠作用机制的探索仍在继续，但催眠的有效性毋庸置疑。从心理治疗到潜能开发，从灵性成长到治疗疾病，从提升自信到解除压力，从疼痛控制到身心放松，从提高工作效率到消除负面情绪，不胜枚举。催眠直接作用于主宰我们身心的潜意识，在心灵深处激发出改变的力量，从而达到完善自我、提升自我的目的。总的来说，催眠术的作用主要在以下几个方面。

第一，心理咨询和心理治疗。只要与心理因素有关的疾病，通过催眠治疗，都或多或少地会收到疗效，如癔症、恐惧症、疑病症、抑郁症、焦虑等神经症以及哮喘、偏头痛、夜尿症、口吃、消除疼痛、精神康复期的恢复及其他心理问题。除此之外，催眠术还可用于外科手术止痛，如减少妇女自然分娩时的疼痛。一般的药物麻醉，是切断了疼痛的神经信息的传导，大脑没有接受到痛的信息，所以我们当然不会觉得疼痛。可是催眠时，疼痛的神经信息仍然会传到大脑，但是当事人却没有痛的感觉。

第二，日常生活中的不良反应及习惯。催眠应用于戒烟、戒酒、减肥治疗当中，通过潜意识改变，可以戒除诸多不良习惯。我们可以运用"催眠后暗示"

的技巧，将一些正面的信念输入当事人的潜意识里。
例如：在催眠中告诉他："以后，当你闻到香烟的味道，
你会感觉到这种味道很臭，你一点儿也不会想把它
吸到你的肺里……"或者，对于想减肥的人，可以
在催眠中告诉他："从今天起，你会开始喜欢吃天然
健康的食物；你将会每天做运动，来燃烧掉你体内
多余的脂肪；当你已经吃了足够身体所需的食物时，
你会非常敏锐地就不再想吃东西了。"

※　催眠可以激发潜能

对待那些偏食、厌学、恐惧上学、对学习失去兴
趣、有考试紧张综合征、对物质成瘾、上网成瘾的
人，催眠更是能收到好的疗效。至于纠正一些不良
的生活行为习惯（如咬指甲、扯头发、挤眼、抽动等）
更是不在话下。

催眠有时候还可以帮助吸毒者坚定接受戒毒治
疗的决心。吸毒者往往想戒毒，同时又害怕自己缺
乏完成治疗的意志，这时，催眠就有用武之地了。
催眠师可以让患者处于恍惚中时对其暗示说："你
要接受治疗，寻求变化，并且渴望更健康。"当然，
这些要同医生的治疗结合起来。

第三，激发潜能。 催眠可以帮助人们产生惊人的
记忆能力与学习效果；催眠可以使人更有自信，勇
于面对考验；催眠可以使人放松，不再被压力、焦虑、
悲伤、挫折感等各种负面情绪所影响。

有一个实验报告说，在一次催眠状态下，让一个
只有小学学历的人背诵整部的莎士比亚的戏剧《哈姆
雷特》。在催眠状态中，他背起来了，催眠师指示他，
等他醒过来之后，他会忘记。果然，他醒过来以后，
一个字也记不得了。可是，过了一段时间再催眠他，

※　催眠可以使人放松，消除
焦虑

他又可以在催眠中一字不漏地把整部戏剧又背诵出来。

第四，催眠可以使人放松，不再被压力、焦虑、悲伤、挫折感等各种负面情绪所影响。在如今这个竞争激烈的社会，人们时刻都会遭受无法抗拒的挫折以及精神和物质需要的不满足。如果没有很好的社会适应能力，难免被情绪所左右。只要身体一放松，你就会觉得心里也跟着放松，这是一个非常简单的道理。许多高考前的学生，学习负担重，心理压力大，常出现失眠、头昏、心悸、烦躁甚至血压升高的现象。这主要是对于高考的期望值过高和对考试的恐惧造成的焦虑反应。这种紧张情绪会影响考试的正常发挥，不少考生高考失利就是因为紧张所致。因此，防止考前焦虑的关键是消除紧张情绪，缓解心理压力。

※ 催眠治疗心理问题就像在高速公路上行驶，虽然很快，但如果把握不住，也很危险

最有效的方法就是心理疏导和实施催眠。催眠可以增强信心、稳定情绪、消除考前焦虑，可以让考生恢复自信！

　　第五，在司法中的应用。催眠术在司法侦查中的应用已有较长的历史了。催眠手段获取的资料虽然不能作为司法依据，但至少能为进一步侦破案件提供线索。

　　科学地、恰当地使用催眠术，确实可以开发人的潜能，提高学习、记忆的效果，尤其是在短时间内能作为治愈若干心理疾病以及治疗其他疾病的辅助手段。譬如，在外科手术以及分娩等手术中，有些病人不适宜使用化学麻醉剂，这时，就需借助于催眠术。此外，催眠暗示也可解除人们的精神紧张，加速创伤的愈合。至于癔症、神经衰弱这样一些心理疾病，使用催眠术往往可收到立竿见影之效。

※　在催眠状态下，被催眠者可能会觉得自己进入了另外一个空间

从上述种种功能来看，催眠术不只用于心理咨询与心理治疗上，也广泛应用于各种疾病的治疗。更主要的是通过催眠治疗，得到一次彻底的身心放松的过程，同时获得一次非凡的心灵净化和心灵成长。看到催眠的广泛应用给人们的生活带来如此大的影响，有人可能会想了，催眠术这种治疗方法几乎没有副作用，好处多多，可谓"百利而无一弊"。

百利而无一弊？有人对催眠做出了一个比喻：催眠治疗心理问题就像在高速公路上行驶，虽然很快，但如果把握不住，也很危险。

说到危险性，有些人就坚决认为，接受催眠术对人是有害的。持这种观点的人认为，催眠是一种病态的心理现象，处于催眠状态中时，大脑皮层会受到严重损伤，产生记忆力减退、意志丧失、消极被动等许多不良现象。甚至有人认为，催眠就像酒精中毒一样，会产生催眠中毒现象，如头昏、头痛、无力、抑郁、烦躁等。最严重的会导致受术者精神失常，出现歇斯底里的症状。

持这种观点的人可能看到了处于中度或深度催眠状态中的受术者。确实，处于这种状态中的受术者，绝大部分都是目光呆滞、面部毫无表情、无条件地接受催眠师的一切合理指令，犹如催眠师操纵的机器人。他们对外界其他的事物毫不理会，似乎在另外一个空间里。这的确会给人一种大脑出了毛病的错觉。其实，这只是在催眠状态中大脑皮层大部分区域被暂时强烈地抑制了而已，绝不是什么病态现象。

催眠中出现情绪失控现象，确实有这样的催眠施术案例。在催眠施术后，受术者有种种过于被动或是躁狂甚至是精神失常的表现。这些都是因为在催眠中，催眠师暗示失误或诱导不当，并不是催眠术本身的问题。结果证明，在富有经验的催眠师的施术实践中，这样的事情是很少发生的。

　　还有一些人看到，在催眠施术结束以后，某些受术者出现恶心、头痛、不安、抑郁或者是难以觉醒的现象。他们认为，这也是催眠施术本身所造成的副作用。经研究，造成这些不良现象的原因并不是催眠术本身，而是催眠师技术上的缘故。这种技术上的失误主要表现在解除催眠的程序不完全、在催眠过程中的处理方法不当。换言之，催眠师未能按照催眠施术的科学程序进行。

　　显然，认为催眠术有损人的身心健康的观点是极其错误的。然而，从另一方面看，认为催眠术有百利而无一弊的观点也同样是不正确的。大家都知道，任何事物总是有利有弊。

　　当然，如果不当使用催眠术，甚至滥用，会招致种种恶果。有些没有受过严格、正规的心理学或医学教育的人，也可能很容易地学会这门催眠技术，而且是出于想控制别人的愿望开始实施催眠，这是非常可怕的。催眠术既可以激发人的神性和善良，也可以调动出人的兽性和邪恶。所以，实施催眠术的人首先要具有高尚的道德，足够的精神病学、内科学和心理学知识，经过完善的训练，才具备应用催眠术的资格。

　　催眠术就是一把双刃剑，它若应用于正当的领域，如医学，可能给人类造福，或给人类带来欢乐。如果应用于不适当领域，它可能成为邪术，导致犯罪。催眠术本身无所谓好坏，关键看怎样应用，什么人应用。就像电脑、网络一样，它本身无所谓好坏。有人用它传播积极信息，有人用它犯罪，有的人能熟练掌握，有的人仅一知半解。人们不能因有人利用网络犯罪而禁止网络发展。不能因为催眠术可能用于犯罪、邪术而禁止催眠术、不许研究催眠术。当然，人们也不能因为催眠术的积极作用而忽略它带来的一些副作用，只有很好地深入研究才能避免它可能产生的危险。

PART5

第 5 章

谁都可以被催眠吗？

谁都可被催眠吗？任何人都可以当催眠师吗？催眠是一对一的心灵交流，是催眠师和被催眠者之间水乳交融的结果，是潜意识的共振。

一对一 >>

YI DUI YI

※ 如果被催眠者跟着指令两手食指紧紧粘在一起的话，这人的感受性就高，那他就是催眠师最合适的人选了

看过催眠舞台秀的人会发现，催眠师在挑选表演者时，并不是看到观众举手就会选中他。在进入催眠秀前，催眠师要通过催眠敏感度测试，通过测试可以看出哪些人对催眠的接受度高，内心是否愿意接受催眠，并不是所有人都能被顺利催眠。因为是集体催眠，所以催眠师在挑选表演者时一定会严格把关。

测试的基本过程是，双手十指交叉，竖起食指和大拇指，并将它们靠在一起放在眼前。闭上眼睛，深吸气深呼气，放松身体，再一次深吸气，更加放松身体，重复几次，每一次都要让自己更加放松。睁开眼睛，同时将食指打开，眼睛集中看着食指间的缝隙，照着催眠师的指令，左右手食指慢慢地越来越接近，越来越接近，直到最后两食指粘在一起再也分不开。

如果被催眠者跟着指令两手食指紧紧粘在一起的话，这人的感受性就高，那他就是催眠师最合适的人选了；反之，则说明此人内心拒绝催眠，那接下去的催眠可能就会失败。

感受性

感受性即受暗示性，人的受暗示性对催眠是否成功意义极大。感受性越强，受暗示性越强，催眠的成功率越高，催眠的程度也越深。从理论上讲，人类有 25% 为高度感受性者，极易受暗示；有 25% 左右的人感受性差，不易受暗示；有 50% 的人居中。换句话说，有 25% 很容易达到深度催眠，有 50% 能达到中度催眠，还有 25% 的人不易被催眠。

　　实践证明，不管是什么人，只要有催眠的愿望和动机，并积极配合，再难催眠的人，通过几次反复，都是可以被催眠的。

　　集体催眠的缺点是每个人的催眠特性不同，很难达到步调一致，催眠师很难照顾到每一个受术者的特质。所以，在催眠治疗中，尤其是心理治疗中，最好是一对一的交流，这样催眠师可以100%地把握被催眠者的情况。

　　世界上第一个双人组合催眠团队是由国际顶级催眠大师格兰·亚历山大先生亲自创建的。很多人在《鲁豫有约》中看到过他的催眠秀表演。当会场上一个同学要求大师现场表演催眠心理治疗时，他拒绝了，他说他的催眠治疗是一对一的。针对这个问题，另外一个学生质疑他，另一位美国的催眠大师安东尼奥·罗宾比他在催眠方面做了更多的工作，他们两个最大的区别是什么？

※　格兰·亚历山大（中）

※ 催眠图

※ 格兰·亚历山大

亚历山大解释说，他们之间有很大的差别。那位美国的催眠大师挣钱方式是主要是通过卖催眠录像带磁带和大群体的治疗。这两种方式都是他不想做的方式，而在美国有很多催眠师会这么做。例如：我想要帮助所有的人戒烟，于是就将所有人都集中起来进行集体催眠，每个人付100美金，然后大家坐在一起。但他知道，从他自己的经历来讲戒烟成功率最低2%，最高7%，也就是说100人里头最多有7个人能最终实现戒烟的目的。然后整个治疗结束之后，催眠大师问大家是不是真正想戒烟了，大部分人都说没有效果。这些人的回答在拍录像的时候是不给你看的。但这一群人已经付了钱，怎么办？催眠师会说即使是这次没有效果，下次当他还来这个城市的时候，你再来培训就是免费的。

亚历山大还解释说，如果在大群人里边，你第一次没有效果，那么第二、第三、第四次也会没有效果。他对待受术者都是一对一的直接交流，他所有培训的催眠师也是一对一。

据说他所做的戒烟培训用一个半小时，97%的人一辈子不会想戒烟这个事了。不知道他的成功率是真是假。但是，对于一对一治疗的理想状况，人们还是很期待的，毕竟大家都不喜欢那种批量生产吧。

相对说来，实施催眠术时对环境的要求相对"苛刻"。也许你会看到在人声鼎沸、刺激众多的会堂里、舞台上，催眠师照样可以进行催眠表演，而且很成功。其实，那些受术者已经是极易进入催眠状态的人了。而在一般的实际运用中，尤其是首次做催眠的人，在那样环境下根本无法进入催眠。

在进行一对一的催眠治疗时，一般说来，催眠室以安静为宜，在门上应挂上"请勿敲门，多谢合作"的牌子。当然，这也不是绝对的，有的声音还可以起到加强催眠效果的作用。例如，电动机的转动声，节拍器的声音等，都可以起到辅助催眠的作用。

相对于自然环境或人工自然环境，人工环境有时效果更好。所以催眠室里，应谢绝一切闲杂人员，不是特殊需要，人越少越好。对于初次接受催眠术的人来说，最好不要有什么参观人员，即使是受术者的家属也不要在里面。在西方和日本，催眠室里都是催眠师与受术者一对一，很少有旁人在场。考虑到国内的实际情况，以有一助手在催眠室里为好。其原因是，有第三人

※　格兰·亚历山大的书《不要对我说谎》

※　催眠床

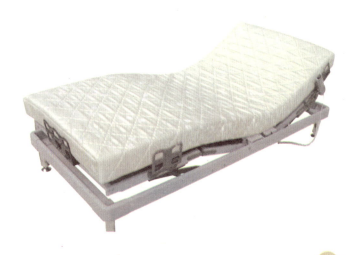

※ 要达到好的催眠效果，催眠师需要在催眠治疗前对病患及其家属进行沟通交流，一对一的交流更为重要

在场可消除受术者（尤其是异性受术者）的紧张心理。另外，由于催眠术在中国还远远没有普及，有第三人在场，可以避免一些不必要的麻烦。

为什么在催眠室里的人要少，而且家属朋友一般谢绝入内？有位富有经验的催眠大师对此有精辟的见解。他认为，催眠术主要是用于治疗一些心理疾病的，而心理疾病的一些致病或诱发的因素很大一部分是来自于人际关系问题，并且很大的可能是来自于与之有密切关系的家庭成员。有时候，受术者不愿意让第三个人知道自己的内心秘密。如果这样的话，家人的在场会使受术者感到疑虑重重，戒备心理油然而生，有意无意地保持高度的警戒水平，生怕在催眠状态中说出一些隐藏得很深的话（很可能就是致病原因）。在这种状态下，要想把受术者导入催眠状态几乎是不可能的事。

当有人来找催眠师要求接受催眠治疗时，催眠师首先要做的一件事就是与当事人以及当事人的亲友进行谈话，以了解当事人所面临的问题。

首先，催眠师要了解当事人所面临的问题是否可以运用催眠术予以解决。这是因为，催眠术并不是可以包治百病的仙方妙术。它可以治愈一部分疾病，但不是所有的疾病。有些疾病使用催眠术可能会产生相反的效果。对于那些不适宜做催眠术的人，可劝告说服他们到其他地方，用其他方法治疗。

其次，催眠师通过谈话以及稍后的分析，可以部分得知当事人问题的症结所在。当然，对大部分心理问题，当事人的主述往往有偏颇，但即使是"偏颇"本身也颇具价值，很可能就是深层问题的线索。催眠师在施术前如果不对这些情况有一大致的了解，在进行实质性的治疗时必然带有很大的盲目性，这当然是不可取的。

既然是一对一的交流，那么对催眠师的要求更高，我们的催眠治疗师要能够善解人意，能够分辨并掌握不同人群所特有的文化背景和语言特色，这样在"催眠"时才会更容易进入到患者的内心深处，与患者进行心灵深处的交流，彻底消除患者的顾虑，让患者能够马上产生认同感。另外很重要的一点，催眠治疗师必须具备一个健康的人格，坦诚待人，信守诺言，并且为病人保守所有秘密。一个不称职的催眠治疗师不仅会误导患者的思想和行为，甚至会对患者造成无法弥补的伤害。

心灵，催眠的器皿 >>

XINLING CUIMIAN DE QIMIN

※ 《双雄》海报

"每个人一生中，至少有一次无法忘却的创痛。这就是打开那个人内心的门。""每一个人的心里，都有最软弱的一面，而催眠，正是从人的心理最脆弱的一面入手。"这是黎明在《双雄》中的经典台词。

你是否曾经冥思苦想，为什么改变自己不希望有的态度和举动是如此的困难？比如，为什么自己做事情不能持之以恒？为什么不能痛下决心停止抽烟酗酒？为什么我不能为了减肥放弃喜爱的零食和炸鸡腿？为什么我不能享受美好的生活，让自己过得更轻松惬意些？答案就在这里。有个声音会说："是的，我一定会改变的。"还有个声音在说："我一直都这样，改不过来了，就这样吧！"似乎在人的脑子里，隐藏着两种不同的倾向，这就是意识和潜意识。

弗洛伊德把心灵比喻成一座冰山，浮出水面的少部分，代表意识；而埋藏在水面之下的大部分，则是潜意识。潜意识在你的记忆系统里无孔不入，它禁锢着你的所有特性及信念。潜意识会让你持续地保持原有的经常的行为模式。就是说人的行为举止，大部分是由潜意识所主宰，人却没有觉察到。

　　催眠状态其实就是一种潜意识状态，催眠术就是通往潜意识的桥梁。催眠师应用催眠手段使被催眠者在有意识状态下进入潜意识状态，而后的一切活动，包括治疗、对话或者表演，都是在被催眠的潜意识状态下进行的。

　　有些记忆，就真的被岁月沉淀到底层了，例如，很少有人记得自己三岁生日那一天是怎么过的，很少有人能全部记得教过自己的老师名字，很少有人记得自己第一次被恐吓的事情。这些被迁移到意识底层的记忆，有些是中性的，没有重要影响，有些则是不得不被压抑下去的，否则存在意识中是锥心之痛，无法令人视若无睹。这种压抑，可以说是未来心理问题的根源，虽然暂时让问题消失了，却不代表问题解决，它会在黑暗中慢慢形成一颗炸弹，于未来某个时空点，被某些刺激"轰"的一声引爆，各种心理问题也就爆发出来了。

※　心灵被弗洛伊德比喻成一座冰山

为何要激发受术者的动机

　　所谓"动机"，是一种由需要推动达到一定目标的行为动力，是驱使人们行动的内部动因。动机具有三大功能：发动功能——唤起个体的行为；指向功能——引导行为朝向一定的目标；激励功能——维持、增强或减弱行为的强度。若受术者缺乏接受催眠术的动机，融洽的心理气氛就很难建立起来。也就是说，如果受术者没有认识到自己接受催眠的必要性，如果他们只是抱着玩玩的态度，或者说受术者在事前毫无心理准备，无论催眠师的技巧有多高明，也很难产生催眠施术所必需的心理气氛，也就很难成功地施术。中国有句古话，叫做"物极必反"，倘若受术者的动机强度过高，急于想配合催眠师使自己进入催眠状态，同样也难于使催眠施术成功。过高的动机状态，使得受术者唤起过多的心理能量，从而干扰了正常的认知加工。心理紧张度过高，这也会妨碍催眠施术的正常进行。有鉴于此，催眠师应注意在激励受术者受术动机的同时，要让受术者持有自然、轻松的态度，唯此，才能创设出良好的心理氛围。

※ 催眠治疗可以使人得到一次彻底的身心放松，同时获得一次非凡的心灵净化和心灵成长

如果你不曾打开催眠这扇窗，你会错过很多的风景：重新认识自己的乐趣、掌控生活的喜悦、学会释放不愉快的情绪、帮助自己或他人走出阴影……在身心放松的状态下，舒服地躺在安全的环境里，任潜意识自行运作，看看从自己的内心深处涌现哪些令自己都惊奇的片断。

其实，催眠并不神奇，也不是特异功能，只是辅助人们开发潜意识中的潜能的一种方法。通过催眠放松身体，进而放松心理，经过身心语言学程序和心灵沟通技术，诱导和暗示，来解决内心的矛盾和冲突，包括心结、情结、病结，实现心理和谐、身心和谐的健康状态。催眠不只是治疗，不只适合于有心理问题的人，或身体不适的亚健康人。健康人在催眠放松下，也会出现意想不到的效果，如净化心灵，带来良好心态。

通过催眠治疗，得到一次彻底的身心放松过程，同时获得一次非凡的心灵净化和心灵成长。

有这样一则案例，杨女士任职于一有名的上市公司，30出头便登上了公司高层，可谓春风得意。在家里，她的老公对她宠爱有加，女儿乖巧、聪明伶俐，让她省心。家庭幸福，事业顺心，杨女士很满足那样的生活。

不过,自从她的婆婆搬来和他们一起住之后,这个小家庭的宁静就被打破了。一起生活之后没几天,婆媳之间的隔阂就出来了,矛盾越来越大。婆婆总是找各种各样的借口跟杨女士闹,丈夫夹在中间也很为难。到后来,杨女士越来越害怕回家,心情也越来越烦躁。这使得她无法好好工作,眼看着业绩下滑,公司的领导层对她也逐渐有了看法。家庭、事业都陷入危机,杨女士觉得,婆媳关系的问题不解决是不行了。

经过一段时间的思考,在朋友的介绍下,她决定接受催眠治疗,调整心态。雷厉风行的杨女士很独立,自己接受催眠治疗的欲望比较强。在第三次接受催眠的时候,她随着催眠师的引导,逐渐放松全身,忘却周围,感觉自己像一股山泉欢快地奔驰在

※ 奔流的山泉。接受催眠治疗的杨女士受山泉的启示顺利解决了婆媳关系

崇山峻岭之间，突然前面一块巨石出现在眼前，挡住了去路。山泉告诉大石："大石，大石，请你让开，我想过去。"大石说："山泉，山泉，我本来就在这里，为何要我让开。"于是，山泉灵机一动，分成两股，顺着巨石两侧流下，越过巨石之后，又汇成一股，继续地奔驰着。

那次催眠醒来之后，杨女士恍然大悟："是啊！婆婆本来就在那里，我作为后来的人，只有改变自己，适应她，才能继续我的生活啊！"那之后，杨女士开始尝试接受婆婆的观点、态度，慢慢适应婆婆。结果经过一段时间的努力，婆婆竟然也有所改变，对她的态度转变了很多，婆媳关系日渐好转。杨女士说："这和睦的家庭关系是'催'回来的。"

现代社会，人都会有各种各样的困惑抑郁，无法排解。其实，借助催眠给自己好好放一个假期，何乐而不为？

催眠师与被催眠者要真正做到水乳交融。催眠师要能更好地引导被催眠者，首先要努力与受术者建立默契关系、感应关系。催眠师应与受术者建立起"亲密有间"的人际关系，既要亲密，使得受术者信任自己，不紧张不害怕，放下思想包袱，打消顾虑，从而达到使受术者易于接受暗示的目的；又要"有间"，即有距离感。为什么要有距离感呢？这同样也是为了提高暗示的效果。实践证明，催眠师对于非常熟悉的人、关系特别好的人往往很难成功地施术。这是由于过于熟悉且关系亲密到失去了权威性和神秘感。有时，很熟悉的人主观上也相当配合催眠师，但潜意识中的"抵抗"却很难抹去。因此，从催眠施术的效果出发，催眠师和被催眠者应建立"亲密有间"式的恰当的人际关系。

催眠施术能否成功，说到底是看双方的感应关系是否建立。可以断言，一旦双方建立了感应关系，也就意味着催眠施术已经成功了一半。感应关系的建立有赖于双方心灵的沟通。通常的模式是：由沟通而产生信赖感，由信赖感而导致融洽的心理气氛，由融洽的心理气氛而引出双方的感应关系。这样才能更好地帮助被催眠者发现自己的问题，进而解决问题。

在催眠过程中，若催眠师与被催眠者敞开心扉，整个治疗过程就是一个有趣的心灵之旅。

"心诚则灵" >>

XINCHENG ZELING

※ 玩水的小朋友。让玩闹的小朋友乖乖听话就要哄、诱导

看着舞台催眠师对着受术者大喝一声"睡"，受术者似乎像着了魔似的倒了下去！催眠师说："从今天起，只要你一听到弹指头的声音，就会把头垂下，立刻进入很深的催眠状态。"在受术者的眼前弹一下手指头，受术者的头随即垂了下去！如果这个不严谨指令没有得到很好的解除，如果受术者在社交场合听到有人弹指头，他也许会头一垂，人事不醒了。

好神奇的技巧啊！仿佛就是《西游记》里的定身术。

想学习催眠的学员，最常问的一件事就是，真的可以像舞台催眠师那样，喊一声"睡"就催眠成功吗？那是真的还是假的啊？学催眠会学到那样的技巧吗？

试想，现在，你到街上去找一个人，对着他大叫一声"睡"，看对方会不会立即被催眠？或者你学了点催眠术后，跑去对一个陌生人说"我想催眠你"，看你能不能成功催眠他？当一个人无缘无故地走到另一个人面前做些莫名其妙的事情时，对方的反应一定是惊愕，甚至骂你是神经病，要是碰到脾气暴躁的说不定会揍你一顿。要一个跑来跑去、玩疯了的小朋友立即安静地坐下来，不是随口叫一声"坐下"，小朋友就会乖乖听话的。已经是爸妈的人应该最清楚，要让小朋友静下来，除了威吓之外就是"哄"了。然而，什么是哄，不就是诱导吗？诱导的背后意义就是"请你照着我的话做"。但既然是要对方按你的话做，前提就是要让对方先"相信"你。同样，你要催眠一个人，至少得让对方信任你。

有人说，催眠的前提就是"合约"，不是买卖合约，是催眠师与被催眠者的协议书。合约的内容是："甲方：我，催眠师，要催眠你。乙方：我，被催眠者，相信并且遵照配合催眠师的引导。"这项合约并不用制订书面内容，只是口头与意识面的协议即可。

如果你走到人群中，与人群中的某一个人解说你的意图——我是催眠师，我要催眠你。而对方也认同配合，此合约成立。而建立合约的过程，就是一般所说的"亲和感"和"权威感"建立的过程。不管催眠师是用哄的、用骗的，还是以形象取胜、以人格魅力取胜，重点都是在建立起被催眠者对催眠师的信任感上，并且愿意配合。

"请你看着我的眼睛，我说'睡'的时候，并不是要你睡觉，而是请你闭上眼睛、放松全身肌肉、仔细听我的引导……睡……"当合约的前提已成立时，上述的这些引导就能让被催眠者进入催眠状态。神奇吧！说穿了，催眠不是什么难事。催眠是建立在催眠师和被催眠者之间的彼此信任关系之上的活动。催眠不是催眠师单方面的操控，而是需要被催眠者的意愿和配合。最好的一个例子，一位丈夫告诉自己的妻子说："那位正向我们这边走来的人是位著名的催眠大师，他可能要给你做催眠术。"当这位催眠师走到他们餐桌前时，这位夫人已经进入了恍惚的催眠状态。这就是典型的催眠师"权威震撼"。

对催眠的受暗示性与一个人的态度和期望密切联系。凡对催眠持积极态度，相信催眠的可能性，同时又对该催眠者表示信赖时，他就容易很好地配合接受催眠。这也与我国在宗教信仰上常用的一句谚语"心诚则灵"正相符合。

舞台催眠秀中都少不了感受性测试的项目，大多数观众并不知道这是在进行测试和挑选。有着敏锐观察力的催眠师通过测试，加上自愿原则，就挑选好了那些感受性强，而且有强烈的配合意愿的人。如此一来，舞台秀的表演一般是不会有什么问题了。而催眠师在进行敏感度测试时，如果你在底下偷偷发笑，你脸上的表情在告诉催眠师你的内心强烈抵制被催眠，那么，催眠师是不敢拿你这样没有诚意的人去做表演的。

※ 接受催眠治疗的老人。年纪大的人一般不适合做催眠，所以催眠师一般都不愿意接受老年患者

人们常说，年纪大的人不适合做催眠，所以催眠师对老年人患者很是困惑，一般他们都不愿意接受这样的人。但是有的时候也有例外。据一位台湾催眠师说，他曾经接待过一位70多岁的老先生，老人患有忧郁、焦虑、恐惧的三合一精神功能症。多年来，他一直受困扰，其间也看了不少精神科医生，花了不少钱，吃了不少药，但是几乎没有效果。听说了催眠师的治疗效果不错，特地

赶来试试神奇的催眠治疗。本来催眠师想拒绝，但是看到老人特诚恳，坚持想试试看，他也就答应了，没想到给老人做一下敏感度测试，他的得分还很高，适合做催眠治疗。

　　一个人能否进入催眠状态，取决于其受暗示性的高低。人的受暗示性高低存在着很大的差异，受到两个因素的影响。首先是个体对催眠的态度以及对催眠者的信任度。如果个体相信催眠可行，又信赖催眠者，他就会主动与催眠者合作，容易接受暗示，反之就很难受暗示。其次，个体的身心条件与个性特点也影响着其受暗示性的高低。有三种人最容易接受暗示：平常喜欢沉思幻想的人；容易集中精神而不容易分心的人；对催眠好奇，想获得新鲜经验的人。古语的"心诚则灵"讲的就是这个道理。

※　对催眠术有严重恐惧心理

　　那些对催眠持严重怀疑态度的人，本身对催眠术和催眠师不信任，在心里严重抵制催眠师，自然也就难以被催眠了。还有那些自以为是、目空一切、偏执执拗的人，通常很难进入催眠状态，因为这些人太喜欢以自我为中心，很难与催眠师配合。

　　对催眠术有严重恐惧心理，经解释仍不能接受催眠治疗的人，有经验的催眠师不会给他们实施催眠术。尽管催眠师们在实践活动中创造出了"怀疑者催眠法""反抗者催眠法"，但这都是在不得已的情况下采用的方法。催眠师必须得到受术者的信任与协助，努力与受术者建立默契关系、感应关系。没有受术者的密切配合，催眠就不能称之为"催眠"了。

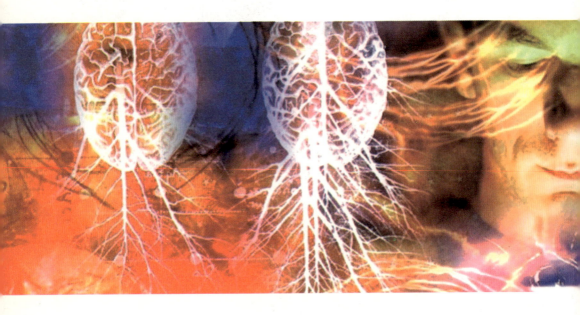

PART6

第 6 章

催眠的语言艺术

"闭上眼睛，舒展身体，深呼吸，好，继续深呼吸……"这是我们在电视上常见的催眠语言。看起来，催眠是件非常简单的事情，怎么还讲究语言艺术？其实，催眠就像谈恋爱一样，要让被催眠者信任你，就要投其所好，就要让其完全放松……

秀才买柴 >>

XIUCAI MAICHAI

　　如果，你是一名销售人员，要达到和顾客会晤的目的，你会使用下面那种方式？

　　"突然给你这个电话，非常抱歉！明天你什么时候有时间？"

　　"如果明天去拜访您，请问上午或下午哪一个时段比较方便呢？"

　　当然是后者比较合适，因为这是"推定承诺法"，让顾客跟着你提供的选择走，也是典型的"催眠说法"。就像我们到一个餐厅吃饭，刚坐下来，就有一位小姐拿着一个本子给你，问："先生，您喝什么茶？"当你在从她的茶牌中选择那些昂贵的茶时，你已经被催眠了。你在配合她的销售，你已被她训练有素的动作和语言下达了一个隐含的催眠指令：你一定要喝我卖给你的茶。在那一刻，你已经是在一种轻度的催眠状态，你完全没有注意到除了喝她推销给你的昂贵的茶外，你还有其他选择，比如果汁、可乐等。然而，服务员的招呼让你无法拒绝。若你带着小孩的话，她会说："小朋友，来点什么果汁？新榨的。"暗示你给小孩子点果汁。如果不是小孩子厌恶果汁，一般你都会顺着服务员的思路去选择；当有女士在场时，她就会说："这位女士要点酸奶还是什么其他东西？"有兴趣喝酸奶的女士自然会说："来几盒酸奶吧！"对于不同的人，训练有素的服务员总是用不同的方法循循善诱。

催眠的本质是暗示，暗示的技巧是语言，是语言的艺术，是语言的编程。可以说，催眠术是一种语言艺术。催眠过程中，甚至在实施催眠前，催眠师应该根据不同的对象和病情，有针对性地编制好语言程序。一旦完成编程，在实施的过程中，又需要根据催眠的情况的变化灵活应用。所以说催眠语言的选择，不是一成不变的，不是千篇一律的，必须随机应变、相机而动，针对不同的人不同的情况采取不同的语言模式和组织结构。秀才买柴的故事就是一个反面的典型例子。

有一个秀才去买柴，他对卖柴的人说："荷薪者过来！"卖柴的人听不懂"荷薪者"（担柴的人）三个字，但是听得懂"过来"两个字，于是把柴担到秀才前面。秀才问他："其价如何？"卖柴的人听不太懂这句话，但是听得懂"价"这个字，于是就告诉秀才柴的价钱。秀才接着说："外实而内虚，烟多而焰少，请损之！（你的木材外表是干的，里头却是湿的，燃烧起来，会浓烟多而火焰小，请减些价钱吧！）"卖柴的人因为听不懂秀才这些文绉绉的话，于是担着柴就走了。

看到这个故事，人们大都会为秀才的迂腐表现发笑。秀才在买柴时，没有做到尊重对方，用对方听不懂的语言与之交流。

※ 很多训练有素的服务员非常善于催眠和诱导顾客

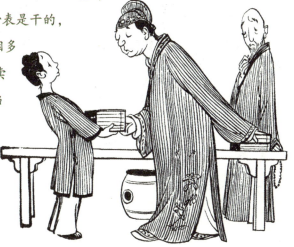

※ 漫画秀才。催眠师如果生搬硬套学来的程序化语言，就会变成上文故事中迂腐的秀才，形成沟通障碍

平常摇头晃脑读四书五经，生活中也不知道变通，对着老农用着晦涩的语言，能买到柴才怪！

催眠，是信息的接受，某种意义上说，是语言信息的接受。然而并不是所有的催眠师都是绝对出色的催眠师，有的催眠师在学习催眠术后，在设置好语言程序后，完全照搬这一套程序，催眠风格一成不变，跟故事中提到的秀才又什么区别呢？

如果把这些催眠师比作故事中的秀才，而受术者相当于卖柴人。不过这里的"卖柴人"是形形色色的个体，假如催眠师不能根据对象而选择适宜的语言，则很容易形成沟通障碍。

在写文章或介绍方法时，有时为了简洁明了而使用了文言、半文言、书面语言，在对受术者说暗示的话时一定要尽量使用白话，使用口语。对文化层次低的人，需要用通俗易懂的语言，如果用华丽的辞藻难免搞得人家一头雾水，不知所云，如"你会有一种豁然开朗和心旷神怡的感觉。"受术者会想，什么是"豁然开朗"，什么是"心旷神怡"？催眠师要注意自己的言语应该浅显易懂，不要说深奥晦涩的话。对文化层次高的人，所用词汇需要认真修饰，文字优美动听一些，如果俚语土话太多，受术者会觉得催眠师素质低，没什么共同

※ 对待小孩子应该使用大量的鼓励性的、表扬性的词汇做催眠语言，才能让他们乐意接受

语言，难免让人家瞧不起，同样也无法进行有效沟通。

对社会地位高的，催眠师不能总低声下气，需要不卑不亢；不可过度关注，否则他可能会趾高气扬，严重影响催眠效果；对社会地位较低的，要保持尊重，让他感受到温暖，感觉到催眠师确实是在真诚地帮助他，让其恢复自信心。

※ 好的催眠语言就像开启心灵之窗的钥匙

每个人的生活背景都是不一样的，有人从小娇生惯养、衣食无忧，对待他们就得灵活引导；而有人生活在苛刻的家庭环境中，父母管教甚严，甚至吹毛求疵，对待他们就可能同情多一点，多表扬少批评。

年龄段不同，催眠语言又不一样。对待小孩子就得根据他们的身心特点使用大量的鼓励性的、表扬性的词汇，让他们乐意接受。

另外就是方言问题。最好用被术者熟悉的方言或普通话进行暗示，不能使用被术者听不懂或听起来困难的方言。施术者应该掌握比较标准清楚的普通话。用半生半熟的夹杂土语方言的"普通话"使听者难受或好笑，会影响催眠的效果。

有人喜欢按照书上的催眠资料，照本宣科，给人进行催眠，即使全背诵下来，又有何用？每个人有着不同的心理特质以及不同的心理需要，没有针对性，自然也就难以收到好的效果！

如果在催眠过程中，催眠师的某些语言诱导失误，或者由于被催眠者自身的原因，产生一些副作用也就

不足为怪了。如果在催眠时，由于触动被催眠者的心理创伤后或者其他什么原因引起其潜意识的情绪激动而产生强烈的情绪反应，如出现对催眠师的敌意、抵抗甚至谩骂，或号啕大哭等。如果催眠师对这些情况没有思想准备，自己也惊慌失措，那就是贻笑大方了。有经验的催眠师面对这样的情况，会以诚恳、理解、宽容、支持的态度，用婉转动听的语言进行暗示："我完全理解你此刻的心情。你这样的心理是长期压抑的结果，你受到的伤害和经历的痛苦太多。你很不容易，我知道你是信任我的，你就痛痛快快地把你的痛苦发泄出来吧。发泄出来你就平静多了，我很同情你，也很乐意帮助你。"通过这样的暗示和诱导，被催眠者一定会平静下来。如果还有敌意，催眠师会继续用上述语言反复几遍，加大信息量，或者适当调整语言内

容，比如说"我是你的朋友，你一定会接纳我，信任我，我们一起来克服苦难，摆脱困境"等。如果催眠师不知道变通，一味照本宣科，按部就班，中间环节出了问题就难以解决了。

此外，催眠师要有非常好的语言能力。好的语言能力就像一把能够开启心灵之窗的钥匙，会迅速排除自己与患者之间的隔阂；要能够善解人意，彻底消除患者的顾虑，让患者马上能够产生认同感。催眠师还要有丰富的人生阅历，他要能够分辨并掌握不同人群所独特具有的文化背景、语言特色、行为特点，这样在催眠时才会更容易进入到患者的内心深处，与患者进行心灵深处的交流。对不同类型的人，如不同的文化层次、社会地位、生活经历等，必须选择相"适当"的语言。

※　催眠师的盗梦人生

成败之举 >>

CHENGBAI ZHIJU

※ 话剧表演。催眠说话术称得上是在演出一场话剧

有人曾极端地说，催眠术的奥秘无非就是催眠说话术和呼吸法。

这里所谓的说话术，并非像电视、电台的广播员念新闻稿那样，念准确就行。也不像演员只要死记住台词便万事大吉，更不像演讲者在台上滔滔不绝。它有些像表演艺术家的工作，其实行过程可以称得上是在演出一场话剧：他将人物推上空白的舞台，以最初的情况设定并构成剧目，一边推敲剧情一边完成剧本，有的时候需要即兴发挥。决定该剧目成功与否的关键，就是具体的说话方法，即催眠师的语言技巧。

在催眠中，语言技巧是非常讲究的。从某种程度上来说，催眠是一种语言艺术，语言直接影响着催眠结果，催眠能否成功，语言技巧占有重要的成分。语言技巧包括语言、语调、节奏和坚定性。

催眠中的语言与日常生活的语言是不同的，催眠中的语言比较专业和规范。

第一，催眠语言一般不使用容易引起被催眠者反感的命令句和模棱两可的疑问句，尽量使用陈述句、祈使句。

不使用疑问句。像"你能做吗？能做好的话试试看。""你感觉这样做舒服吗？"这样的问话，有时会使对方产生犹豫或表示出毫无理由的拒绝态度，以致阻碍催眠进展。说话内容一定要把状况具体化并带结论，如"做个深呼吸，让自己安完安静下来。"

不用命令语气。"快做！""马上站起来！"这样直白的命令式语气，会导致被催眠者的反感，也许会有损彼此间的信赖，因此属禁止之列。催眠说话术大致可分为权威语气和教诲语气两种。权威语气即预言性地指示动作的方法，如"你就这样站立起来！"教诲语气即暗示可能性的温和说法，如"你可以那样站起来！"

第二，切忌模棱两可的语言，语言的意思或判断要明确，不能含糊抽象。

若你要对患者说他的病会好起来的，你应该说"你的病一定会好的""你的病已经好了，现在的你身体健康，精神愉快。"而不要说"你的病可能就要好了""你的情况得到改善，前途大有希望"等含糊的话语。要不然这样的模糊性语言会导致被催眠者的错误判断，内心仍存疑惑。

第三，催眠词句要多用具体词语而少用抽象词语，注意拟造形象。

比如在进行催眠美容时，采用"你的腰部渐渐得收紧变细"这种说法，就不如"就像某某女明星的腰那样地纤细，那么优美……"的说法更能使被催眠者容易

※　熊熊燃烧的烈火。催眠师需要这样形象的描述来告诉被催眠者饮酒的危害

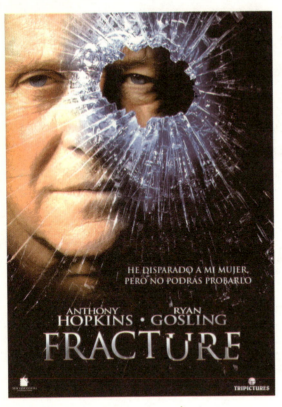

※ 《沉默的羔羊》中具有直指人心、勾魂摄魄魅力的汉尼伯·莱克特

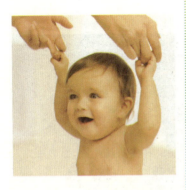

※ 蹒跚学步的孩子。在催眠状态浅的情况下应该像领着幼儿学走路一样，反复暗示相同的动作

从暗示中浮想其具体的形象来。在进行戒酒催眠时，说到酒对人身体有害时，你可以说："这种烈性的饮料，能像火一样熊熊燃烧，烧干你身上的血液，烧毁你身上的器官，耗尽你身上的气力。"这样一来，效果会好很多。有时候，不仅仅使用一个描述性的词汇，而是用同义词来强化要描述的状态。例如，"你现在感觉自在、放松、平静、舒服"这样的话就能增强暗示。

第四，在催眠过程中，多用即将可能发生的事情来暗示诱导被催眠者。

这个时候，将来式优于现在进行式。"现在，你该清醒了"不如"下面，我拍一下手，你将完全清醒"的说法。用这种具有给予喘息之机的语感的将来式预告暗示，更容易使被催眠者采取行动。

第五，要注意催眠词句要在整篇催眠辞令中的重复，催眠说话法，换句话说就是"复说话法"。

在催眠状态浅的情况下重复暗示的效果更好，所以应该像领着幼儿学走路一样，反复暗示相同的动作。如在渐进式放松法中不断重复"继续保持深呼吸，每一次的呼吸，都让你进入更深沉、更放松、更舒服的状态"，可以让受术者逐渐松弛绷紧的神经。在使用纯粹的单调重复的时候，需要给当事人留出一定的体验时间，就是说要有一定的时间差。

某些时候，你或许有对公共演讲者的演讲有厌倦和麻木的经历。在课堂上，或许你被老师毫无趣味的课弄得昏昏欲睡。尽管他不断地将你拉回到所处的情形，并强迫你仔细听每一个词，但无论你如何努力都不能集中注意力。你的思路漂移了，你老是走神。你的思路漂移是因为演讲者或者老师的声音将你带入一个恍惚的状态。事实上，某些人声音的语调、音量和及其缺乏变化的特性，使它们具有很高的催眠性。如果一位老师声音缺乏一定的魅力，就难收到好的课堂效果。

声音对催眠引导的作用极大，毕竟在催眠的整个过程中我们是用语言来引导的。催眠师需要什么样的声音呢？要想有《沉默的羔羊》中汉尼伯·莱克特那样直指人心、勾魂摄魄的魅力估计大多数人都办不到，但是一个好的催眠用的声音却是人人都能学习和模仿的。

什么样的声音是好的催眠用的声音呢？最好是中低音。此外，声音要有感染力。催眠是通过想象引导降低意识程度而进入潜意识的过程。一个有感染力的声音、有描绘力的声音对引导催眠状态是非常有利的，它能迅速将被催眠者带入状态。催眠师的感染力随着音波传递，有可能是温柔的细语，也有可能是充满权威而有力的指示，能让被催眠者产生共鸣，催眠的效果也就不言而喻了。

催眠的语调要配合情境，当你在看一部电影时，如果遇到紧张的情节时，背景音乐都会很急促或是很高亢响亮。你的心情一方面是被情节带动，另一方面也会被音乐的气氛感染得更紧张。催眠中的语

为什么中低音是好的催眠用的声音？

这个是由人的耳蜗的结构决定的。耳蜗是人感受声音的器官里面按规律排列着一种叫毛细胞的感受细胞。这种细胞能够感受不同频率的声音，越往里面的毛细胞对越低的声音的感受越强。由于这个原因，在听到低音的时候有一种穿透感，会觉得有一种很深入身体的感觉。就像在听广播时，往往被富有磁性的男DJ所吸引，而成为他的忠实听众。如果你的声音低沉而富有感染力，那恭喜你，你非常适合做催眠哦。有人认为，中低音质、音色洪亮，有抑扬顿挫感的声音对进行催眠暗示有利，这样的声音对催眠来说就是最好的声音了。当然听起来这个条件对女生或声音高的人不利。话虽这么说，但这并非决定因素，声音是可以压低的，声音高的人在催眠的时候就要注意压低点声音就好了。有的人虽然声音高亢，但作为催眠师，并不能说一定就比以低音闻名的人差。

调应用亦是同样道理。所以语调应配合着您所用的暗示用语情境，如此会加深催眠的效果。

光有一个好声音还是不够的。注意听马丁的催眠 CD，你会发现一个肯定的、确定无疑的、掌控一切的语气更加能慑住人心。所以，在念引导语时缓慢坚定的语气更加重要。如果你声音发颤语气犹豫，磕磕绊绊，那这个催眠肯定会失败了。要知道催眠必须让人信任才行，这样的不自信的表现会让被催眠的人质疑你的能力，从而使局势失控。所以自信地掌控一切的语气非常重要。催眠时，语气要坚定、自信、有力。

催眠的节奏需要缓急适度，既不能过快，也不能让节奏间断。这种不间断的节奏是通过使用连接建立起来的。连续的语言引导你沿着诱导的方向前进。例如，"感觉你自己放松，继续放松，更深入地放松，感觉你整个身体在越来越放松……"这种不间断的话形成一种节奏，带你进入到一种恍惚状态，停止任何干扰，让你的注意力没有任何机会被

※ 节奏训练机。催眠和音乐一样，也需要节奏

转移。

在催眠中，你会注意到催眠师无声的停顿。为了使被催眠者有一个反应提示或指令的时间，诱导者使用了无声的停顿。例如，"现在，深呼吸，（停顿），现在呼气，（停顿）""注意你的右脚，绷紧你的右脚，（停顿），现在放松你的右脚。（停顿）"。给每一个反应以足够的时间是完全必要的。否则，被催眠的人将感觉到太过着急或匆忙，指令没有真正输入，放松也就不可能。

总的来说，语音不仅要单调、低沉、柔和、优美动听、富有感染力，而且要缓急适度、有节奏感、抑扬顿挫、重点突出，还应坚定有力，柔中带刚；不仅如此，声音不能太小或听不清，也不要过于洪亮。根据不同的对象，灵活应用，不断地调整语气语调；尽量避免使用命令语，切忌模棱两可的语言；对小孩、成年人或老年人，在语气和声音的响度上应有区别，对男性和女性也应有区别。

附录1：几种暗示 >>

第一，人们的说话中常常隐藏一些假设，其实是一种暗示。

例如：

你是要吃饭还是要吃面？（暗示了你一定要吃东西）

你待会回去的时候是坐公交车还是打的？（暗示了你一定会回去）

第二，有很多反面提议，看似否定其实是肯定的，就是负面语言的正面作用。

我不要你想到红色。（听者为了理解话的意思，头脑中必定浮现出红色）

在你没有做好充分准备前，不要出发。（其实暗示了你一定会出发，同时暗示你去做充分的准备）

第三，一些看似在讲第三者的故事，其实是暗示当事人的。

每次我看到我这双旅游鞋，我就会想到上次爬山的情景。当时快日落西山了，我觉得相当疲惫，真想好好放松一下。正好又看到夕阳缓缓地落下地平线，这种昏黄的光线让我睡意更浓，慢慢的，我的眼睛随着夕阳一直沉了下去，即使想尽力睁开也睁不开。（有大量的放松暗示）

第四，还有一些话刻意说得很模糊，这样能引起人的共鸣，好像猜透了对方的心思一样。

例如：

我知道在你生活中出现了某些难关，你一定要找出一个适当的解决方法；努力工作吧，赚了钱就可以买很多你想要的东西了。

第五，艾瑞克森非常擅长的催眠语言叫做：先跟后带。

即要给对方下达指令时，他会先讲几个事实，让对方觉得就是这样的，再下达指令。

比如要一个人放松，我们可以直接说：

你会感到放松。也可以说："你现在坐在椅子上，看着电脑屏幕，同时阅读我这段文字，你会觉得放松。"（前三个都是事实，最后是指令）

第六，三加一的催眠语言模式，就是问三个问题，然后给答案或者不给答案。

例如：

你想拥有窈窕的身材吗？你想在一个月之内减掉15斤的体重吗？你想赢得众多女性美慕与嫉妒的眼光吗？现在，你只需要投资598元，就可以拥有某某品牌超级瘦身套装。这是电视购物的节目里经常用的三加一的语言模式。

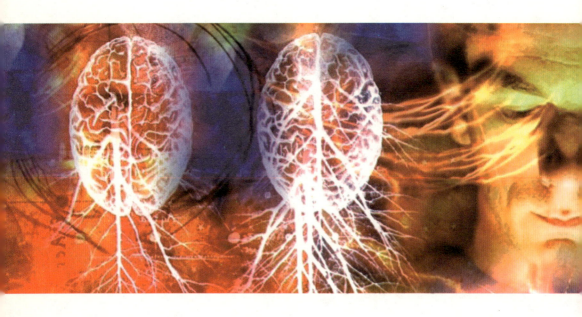

PART 7

第 7 章

催眠的困惑

被催眠究竟是怎么回事？万一催眠
师是个心怀鬼胎的家伙，被催眠的人会
按照他的意愿去做坏事，去偷盗抢劫吗？
被催眠的人会醒不过来吗？我们常见的
"催眠秀"危险吗？

催眠后会被控制而做坏事吗？ >>

CUIMIAN HOU HUI BEI KONGZHI ER ZUO HUAISHI MA

催眠后会被控制而做坏事吗？

由于《无间道》的热潮，香港电影近年来出了不少类似的警匪片，《双雄》算是其中的一部经典，新鲜的是以"催眠""心理战"作为题材。它引入催眠学，用催眠作案，并将催眠贯穿始终，将催眠与人物的心理紧密结合起来，使影片中的人物刻画显得更加有深度。

当黎明平静地看着郑伊健的眼睛，告诉他说："我知道你很努力，但是你要接受一个改变不了的事实。原谅自己，就会开心点。"身为阶下囚的心理学者似乎找到了打开警官心灵的钥匙，看着郑伊健顺从而麻木地帮助黎明拿到他想要的钻石，所有的观众为之震惊。

然而，黎明的话更是让人印象深刻。他说："每一个人的心里，都有最软弱的一面，而催眠正是从人的心理最脆弱的一面入手。"催眠主题成了此影片的一条线，不论是刚强自负的警探，还是凶残成性

※　《无间道》海报

※　《哈利·波特》电影海报

的恶人，都有心理最脆弱的一面。如果战胜不了自己，一旦被施加了催眠术，任何人在任何时候都可能被打倒。就像《哈利·波特》中的神奇魔咒"除你武器"，喃喃的咒语一出，敌手的武器尽失。只不过，相比之下显然是催眠的功力更大，因为催眠让人丧失的是心灵的防线。

只是，催眠在为《双雄》赢来独出心裁的创意的同时，也让观众们对此提出了质疑：被催眠后催眠师要人干什么人就会去干，要人说什么人就会说什么，是真的吗？这样会不会被别人控制做坏事或者暴露自己的隐私？

当然，很多影视文学作品中关于催眠的描写都有夸张和失实的成分。

也许又有人在疑惑了，那电视有夸张的成分，在人们看到热闹好玩的舞台催眠秀中，观众也会随着催眠师的指令做出各种滑稽的表演，比如学鸭子嘎嘎叫，比如把洋葱当苹果啃，而这些是观众平常做不出来或做不到的事情。万一，催眠师要求我做出违反道德、良知的事情，我会不会被他控制而照着他的指令去做？

也有心术不正的人想学习催眠术走歪门邪道。例如学会催眠，在谈生意时把客户给催眠了，然后让其在合同订单上签字；学会催眠，控制人们说出他的银行密码等。每个人的潜意识有一个坚守不移的任务，就是保护自己。实际上，即便在催眠状态中，通常情况下，人的潜意识也会像一个忠诚的卫士一样保护自己。催眠能够与潜意识更好地沟通，但不能驱使一个人做他的潜意识不认同的事情，所以

不用担心会被控制或者暴露自己的秘密。并且，即便不是属于隐私，作为催眠师来说，也应该对于催眠过程中的情况为受术者保密，这是基本的职业道德。

催眠自己的客户？催眠别人套出银行密码到底可行否？一般的催眠过程需要数分钟至半个小时，还要被催眠者积极配合催眠师引导的话语。如果是客户，很少会同意对方催眠自己，更别提签下合同订单了。同时，不想被催眠的人、意识里不愿意接受催眠的人，是很难被催眠的。催眠的提前是要被催眠者愿意去做，对于银行密码，他肯定是不愿意透露的，所以即使催眠对方，这些目的也不可能达到。想靠催眠做坏事，并不容易。因此，即使对于已经被催眠的人，只要是违背他意愿的事，催眠师也无法令其服从、照着去做。

许多有职业道德的催眠师认为自己不能在受术者进入催眠状态后，下指令要他去做违反个人意愿、违背道德良知的事情，因为他们将催眠视之为助人的工具，绝对以受术者的益处为第一考虑。

美国著名的催眠大师米尔顿·艾

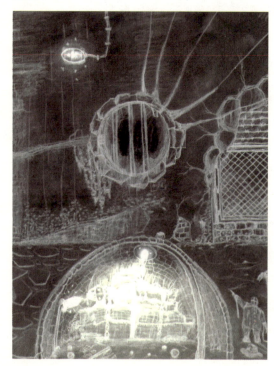

瑞克森认为，即使在催眠状态下，也不可能让人做出违背道德良知的事情。他也坦承，他没有办法催眠人去做出伤害自己或别人的事情，例如脱光衣服、说谎、攻击别人。

赞成这个观点的学者，主张催眠师如果下了违反道德良心的指令，被催眠者会抗拒。他们举例说，在催眠状态下，你要一个孝子去刺杀自己深爱着的父母，他肯定会拒绝，而且会从催眠中醒来；一个女孩在深度催眠下"杀害"了许多假想的敌人，但是当她被暗示要脱光衣服时，就突然惊醒了。

但是，世界之大，形形色色的人存在，没有人能够保证每个懂催眠的人都如此诚善遵守自己的专

※ 如果有人蓄意运用催眠术来造恶，他是有可能得逞的

海德堡案

海德堡案是催眠术犯罪中最经典的一个。1934年的夏天，德国海德堡警局接到一个报案。报案人声称有人对他的妻子进行催眠，并以此敲诈大笔的金钱。警方开始了调查，在相当一段时间内没有任何进展，最终一位擅长催眠术的法医麦尔医生成功地破获了此案。

麦尔医生对受害人的夫人进行了多次催眠诱导后，终于使这位夫人在深度催眠当中回忆起了整个过程。

犯罪人瓦特是位催眠师，与这位夫人在火车上相遇，并利用催眠术使她失去了意识，并趁机侵犯了她。以后他又利用催眠驱使她去卖淫，从中获利，并利用催眠术使她失去记忆。这位夫人结婚后，瓦特又利用催眠暗示使她生有多种"疾病"，而且必须在他那里治疗，收取大量的治疗费。他在"治好"这位夫人一种疾病后，又暗示她生有另一种疾病，使得她不断地去治疗，不断地付医疗费。在这位夫人的先生对此产生怀疑想要报警的时候，瓦特又通过催眠暗示这位夫人她先生有了外遇，使她对丈夫产生了仇恨的情绪，接着又暗示她去设法谋杀她的先生。当阴谋失败后，瓦特又暗示她去自杀，以毁灭罪证。

瓦特让这位夫人陷入深度催眠状态中，而且每次事情完毕，都暗示这位夫人必须忘记所发生的一切，从而失去记忆。

警方根据她在催眠中恢复的记忆，最终将瓦特定罪。

这里面牵扯到两个催眠师之间的战斗，其过程是很复杂也是很有技巧性的，就像造炸弹的专家和拆弹专家之间的较量。但一般来说水平比较低的催眠师想破解水平高的催眠师所做的暗示是比较困难的。

业伦理。而且，催眠术博大精深，不断有人开发出各种复杂的技巧，被催眠者也有个体的差异，如果有人蓄意运用催眠术来造恶，他是有可能得逞的。

催眠师罗伦德曾经做过实验，他在实验室里将被试者诱入催眠状态后，让他们看着实验桌上的瓶子。罗伦德告诉他们，这是一瓶硫酸，然后当着他们的面，把一块锌片插入瓶子，瓶子里马上发出强烈的化学反应，"哧哧"直冒烟，然后他把硫酸滴了一滴在地毯上，地毯马上被烧破了一个洞。然后他问试验者："你们知道硫酸吗？"不管试验者是否了解，他又接着解释，"硫酸是一种强烈的化学物品，能灼烧人的皮肤，甚至能毁容，弄瞎人的眼睛。"随后，他指着他的助手向实验者发出指令："你们将硫酸泼到他的脸上去，让他毁容！"当然，他把硫酸偷偷换成了水。

※ 如果催眠师用"伪指令"误导他的判断，被催眠者也许会成为催眠师傀儡

Artist:Chris Nurse, "Brain and perception"
Wellcome Library, London

Wellcome Images

虽然那些具有侵犯性人格的人仍是存在的，但是通常情况下被催眠者不会服从操作者的指令去做那些违反他道德和伦理准则的事，他们会抵触那些暗示。如果催眠师的命令与他的自我意识不相符，他会从催眠状态中醒来。

一般说来，被催眠者会明确抗拒显然不道德的指令。如果催眠师用"伪指令"误导他的判断，被催眠者也许会成为催眠师傀儡，任由催眠师摆布，成为催眠师做坏事的工具。罗伦德曾做过一个很有名的响尾蛇实验。他在受试者被催眠后，下指令要对方去摸响尾蛇。响尾蛇与受试者之间隔着安全玻璃，所以基本上是安全的。不过，受试者看不到那道玻璃，罗伦德暗示被催眠者说那是橡皮水管，让他们去感受它的硬度。结果，四个试验者中有三个去摸了；同样，让那些没有被催眠的人去摸，四十三人中有四十一人根本不敢靠近那玻璃。正应了《双雄》中黎明的话："每一个人的心里，都有最软弱的一面，而催眠，正是从人的心理最脆弱的一面入手。"

虽然催眠犯罪很困难，但是也确实存在这样的催眠师。不要以为这只是小说或电影里的情节，在现实当中，利用催眠术犯罪的事情非常多。它可能正在我们身边发生着。当你需要接受催眠治疗时，一定要仔细了解催眠师的为人，小心谨慎地选择术德兼备的催眠师。最好在催眠时有一位你信任的第三者在场，假如你担心你的隐私被第三者知道，你也可以向催眠师要求录音，如果这位催眠师拒绝这些的话，你要考虑一下是否要他为你做催眠治疗了。

催眠后会醒不过来吗？ >>

CUIMIAN HOU HUI XING BU GUOLAI MA

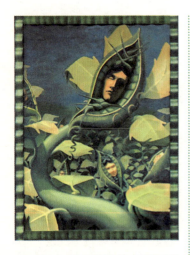

※ 担心处于催眠状态不再醒来的顾虑完全是多余的。在催眠状态下，只要你想醒过来你就可以随时醒过来

看过"人桥"表演的人都知道，被催眠的人，身体僵直，仅靠头颈和腿支撑着平躺在半空中，一个人站在他身上，他居然也能纹丝不动。血肉之躯成了一块钢板。催眠师没有唤醒他之前，他似乎就保持着这样的状态。有的观众就在担心了，"催眠太深了，我会不会醒不过来？"

在《鲁豫有约》中的催眠秀表演，在进行集体催眠时催眠过程就被掐断，主要原因就是观众在家看电视如果被催眠，没有人唤醒，怕出意外。看到这，有人又会担心了："被催眠的过程中如果催眠师死去或没有唤醒我，我是不是就会一直停留在被催眠状态？"

其实这些顾虑是多余的。事实上，这是不可能发生的，也没有任何医学文献有过这样的记载。这就好像无论夜里的睡眠多么香甜，多么深沉，人总会醒来一样。在200多年的催眠术发展历史中，还从来没有出现过唤不醒的案例。研究表明，受术者经过一段休息后就能转到自然睡眠，经充分睡眠后也可自行醒来。醒过来之后，将不再处于催眠状态。

在催眠状态下，只要你想醒过来你就可以随时醒过来。不过也有过很多这样的个案，在催眠师结束催眠唤醒他时，他对催眠师的指令毫无反应，依然处在催眠状态中。其实，这是个案。因为被催眠者好久没有拥有过这样放松与安详的体验了，他很想多享受一会儿，不想太早脱离，所以催眠师也只好尊重他。这时，催眠师通常都会给他这样的指令："好，现在让你好好地享受一下这种放松舒服的感觉，等一下当你觉得休息够了的时候，你就可以回到清醒的意识状态。"就这样，被催眠者睡足了就会自己醒过来。凡是在催眠中睡着的人，事后都说他们睡得好甜，醒来以后充满活力。看来，催眠对于帮助安眠有很好的效果。

即使是进入到催眠状态，也有深浅之分。有些人在睡眠状态里会睡得很沉，从头到尾都彻底贯彻催眠师的指令，甚至在催眠师唤醒他时也相当费力，需要重复几次唤醒才行。不过施加完一次觉醒暗示还不能清醒的是极个别现象。一位催眠师给一个20多岁的女生做了一次深度放松及催眠敏感度测试，过程共40分钟左右，共做三个催眠敏感度测试。做到第三个的时候，被催眠者就睡着了。催眠师给她补充能量后，由十数到一，第一次居然没有唤醒她，接着第二次数数时，催眠师大声地引导她醒来。这次，催眠师数到八的时候，她醒来了，说精神感觉很清爽，整个人像充了电一样。

催眠过程中受术者和催眠师保持着密切的感应关系，所以看起来受术者好像什么都不知道。其实，他在和催眠师进行潜意识的沟通，与外界保持着联系，在催眠师的指令唤醒后就会醒来。当然，如果任其催眠状态持续下去，则可进入自然的睡眠状态，经过充分睡眠后受术者也会自然苏醒。所以根本不用担心。

有些人会在催眠中途突然醒来，不再根据指令行事，所以此时催眠也就失效。《无间道Ⅲ》中，

无法醒来的被催眠者

有一个这样的案例，一位催眠师到一所高中校园里演讲，自然也就少不了催眠示范，一群志愿者愿意上台接受催眠。结果示范完毕，解除催眠时，出了点问题。其他人都能在催眠师的指令中醒了，只有一名女生一直没有反应，催眠师用尽各种手法都不能让她醒来。在同学们看来，这好像是场失败的表演秀。眼看演讲时间到了，可这位女生还是没有苏醒的意思，于是催眠师对大家宣布，今天的演讲告一段落，大家可以散场了。而且他叮嘱其他人先不要移动这位同学，以免妨碍她在催眠状态中的内心活动。最后他说，他会立刻请一位更厉害的催眠师前来处理，请同学们放心离开。等同学全部离去，演讲厅只剩他们两人时，他轻轻说："好了，大家都走了，你也可以醒来了吧！"这位高中女生当下就睁开眼睛，站起来，笑笑走了。她只不过拿催眠师开了个玩笑，好不容易逮到机会成为众人瞩目的焦点，怎可轻易放过机会？

在警局卧底的刘德华接受了催眠，在催眠中说出了自己的真实想法："我不要再被韩琛控制，我不要……"然后，他马上清醒了过来。

催眠状态下的暗示治疗或分析告一段落，需要把受术者唤醒，应予以一段时间的休息和加深后再下唤醒的指令。如若不下唤醒指令，受术者经过一段休息后就能转到自然睡眠，经充分睡眠后也可自行醒来。浅催眠时更易醒来。要使得催眠中的人醒来并不费力，只要说声"喂，睁眼，醒来！"就可以了。但是过急的醒来，尤其是深度催眠者，他的头脑也不会完全清醒，这样且会给他带来不安和一系列的不适的感觉，如乏力、头疼、眩晕和心悸。对于本身就是睁着眼进入催眠状态的人，如果只说："好了，醒来！"他也会有突然摆头惊醒的神态。因此，不论在深催眠或浅催眠状态下醒来，都应让受术者闭上眼，重新下达苏醒的指令，这样受术者会感到"有头有尾"地接受了一次催眠，而且能体验到轻松感。否则，醒后常有头晕或其他不适感。

让催眠状态者觉醒的方法很多，常用的有："注意听我开始倒数，从十到一，我每数一个数字，你就会更加清醒，当我数到一时，你会完全清醒过来，回到平常的意识状态。现在，准备醒来。十，开始清醒过来……九……八，每一个倒数都让你更加清醒……七……六，越来越清醒，身体感觉很温暖……五，头部感觉很凉爽、很舒服……四，越来越清醒，

心灵很宁静……三，醒了……二，已经完全清醒，准备睁开眼睛，迎接全新的自己……一，好，睁开眼睛。"其他的还有"我拍三下手你就会醒来！觉醒后，你精神爽快，心情舒适！"施加舒适的暗示，使其醒后感觉良好，不至于觉得身体有什么不适。

通过催眠消除疲劳时，受术者需要一定的时间保持安静休息，催眠师可施加暗示说："从现在起，再过十分钟（或更长）自然会醒来，觉醒后不再疲劳，心情舒适。"这时候，被催眠者会自动醒来，这"10分钟"完全是他内心的主观时间，等他睡足了，自然就醒了。

自我催眠的觉醒与他人催眠的觉醒有较大的差别，自我催眠需要自己唤醒自己，那就需要在自我诱导过程开始时，就要想好自己需要催眠多长时间，然后自我暗示"我只需要 N 分钟就可以醒来"，或者设置好闹钟并暗示自己"当我听到闹钟声的时候，我就可以醒来。"一般情况下，到时间就可以醒来。

※ 自我催眠者可以用闹钟来唤醒自己

醒不过来的悲剧

醒不过来不是指被催眠者就此死亡，而是此后或此后很长一段时间内，被催眠者将神志不清。当然，也不排除催眠引发的死亡的可能性。

1894 年有个案例报道，有一位叫诺伊柯姆的欧洲催眠师曾治愈好一位叫艾拉的女孩子的神经障碍。后来他接手照管她，并让艾拉作为自己催眠表演的媒介。通常情况下，观众中会有某个有心理疾病的人主动到舞台上来配合表演，而诺伊柯姆则会将女孩催眠并让她移情于参加催眠的人，以找到舞台上病人的心理问题。这种被称作"通灵术"的技术在当时非常普遍。有一天在表演时，诺伊柯姆对施加给艾拉的暗示略微做了改变，他告诉艾拉她的灵魂将离开她的身体进入病人的身体中。暗示了两次，艾拉都出其不意地对催眠师新的暗示产生了抵抗，表演出现意外，这使诺伊柯姆感到恼火。于是，他让这个女孩进入更深的催眠层次，再一次下达指令让她的灵魂离开身体。就在表演还未结束时，悲剧发生了，艾拉再也没醒过来。验尸结果验证艾拉死于心力衰竭，而这很可能是由催眠暗示导致。诺伊柯姆因而被指控犯了杀人罪，并被判刑。

"催眠秀"危险吗？ >>

CUIMIAN XIU WEIXIAN MA

　　确实，对大多数人而言，催眠舞台表演让他们最直观地接触到催眠术，各种各样的催眠秀也满足了人们对催眠一直存有的强烈好奇心。很多人只有在电影、电视或者书里了解过催眠，自己从来没有感受过。所以冲着神奇、神秘的"催眠"人们往往很有兴趣，几乎每一场催眠秀都是座无虚席。诚然，一场精彩的舞台催眠秀表演总能设计一系列神奇、精彩、搞笑的场景，带给观众强烈的震撼和回味无穷的感观享受。除了视觉上的愉悦、心灵上的震撼，催眠秀给我们这些观众或配合参与催眠秀的人还会留下些什么呢？它对观众是否有潜在的危险？

　　几乎所有的舞台秀催眠师都会宣称催眠秀很安全，认为它只是一种无害的可以给人带来乐趣的消遣方式，只会带来欢笑，不会造成后遗症。他们认为舞台催眠表演让人们了解了催眠的潜在影响力，从而能使他们更容易相信催眠在治疗方面的用途。一位著名的舞台秀催眠师还很幽默地回答这类问题："催眠对观众的危险很大，他们会因为笑得太过火而摔下椅子受伤。"

　　然而，事实并非如此。催眠秀表演者为了更卖座，总喜欢运用神乎其技的催眠技巧，使参与者表演一

些有趣的行为或动作，凸显出催眠的神秘与不可思议。殊不知，每次催眠秀热潮结束后，催眠师背着厚厚的钱囊离去，却留下相当数量的观众来到精神科、心理治疗中心求助，有的则是因为身体上的危害前往外科求诊。

在舞台上，参与者被下指令表演剧烈的动作，如果没有事先热身，可能会发生肌肉扭伤。在其过程中，由于太过投入，也有可能碰伤、摔伤、撞伤。有轶闻曾报道过参加舞台催眠的人在催眠状态下做个别异常的举动而擦破甚至扭断四肢的；甚至还有报道说，有人因舞台催眠师暗示他是芭蕾舞演员而做了"劈叉"，结果醒来后因肌肉严重拉伤痛不堪言。英国一位年轻女士在舞台催眠中，因为要去洗手间而从舞台边上跳了下去，结果摔断了腿。这位女士从四英尺高处掉下，腿部两处扭折，打了七个月的石膏。在经法院调解之后，她得到了3万美元的赔偿。其实在做"人桥"表演时候，要特别注意保护人的

※ 舞台催眠秀上戏剧性一幕

※ 催眠秀

头颈和脖子，当人踩在"人桥"身上时，并不是所有的部位都可以踩的，稍不慎，就会有极大的危险。

其实催眠中的意外时有发生。1997年，来自宾夕法尼亚州的舞台催眠师威廉·尼尔在一场演出后被人告上法庭。一名叫尼科尔·亨德森的女生称尼尔在主题"惊人的尼尔"的表演中，让被催眠的男生击打她脸部，造成她的脸部受伤。她说，这个男生是在听到尼尔暗示"对你旁边的人做一件平常从未想到过的事情"之后转过身来，重击了她的脸，并造成她左眼下部开裂。这个女生起诉尼尔，要求其支付金额达4万美元的赔偿金。但是，尼尔的律师安东尼·罗伯蒂对事实却有不同的理解。他说："这些事情发生在催眠结束后，他们正准备离开舞台的时候，男生的胳膊不小心撞上了这位女生的脸部，这纯粹是场意外。对于这场意外尼尔没有办法控制，所以也不应对此负责。"这场官司最后在法院外得以和解，赔偿金额是多少没有透露，也没有任何人承担事故的责任。律师说这场官司打得很荒谬，本来就不应该有官司。然而，在法院里大家不停地争论舞台催眠的后果，有些批评者强烈要求严格控制舞台催眠，甚至干脆取缔这种活动。

许多批评者认为，舞台催眠除了对肢体的潜在危害，还有更让人担忧的其他危害——对心理的潜在危害。他们觉得催眠表演过分关注娱乐效果，因而不能保证被催眠者是否能应对被催眠后的经历，或是否能从中慢慢恢复过来。当催眠对象在催眠状态下出现紧张，或其生活中曾被遗忘的痛苦经历被唤醒时，他们就会陷入麻烦。

如果参与者有高血压、心脏疾病、

※ 舞台催眠除了对肢体的潜在危害，还有更让人担忧的其他危害——对心理的潜在危害

癫痫病、肺气肿等疾病，有可能被剧烈运动诱发患病。因为催眠表演时，舞台催眠师对主动参与催眠的观众知之甚少，观众自己本身也不知道催眠舞台秀的危险性。如果患有这些疾病的人参与舞台催眠，发生意外的可能性很大。1993那场涉及莎伦·塔邦的官司应该是有关舞台催眠方面的影响力最大的案例。那年，在参加完英格兰一座酒馆的催眠表演之后，24岁的塔邦女士回家5小时后死亡。催眠师不知道她对电有恐惧症，在这场表演中暗示她将会经历1万伏高压电击，而塔邦女士在表演结束5小时后因呕吐造成窒息而死亡。此后当地的死亡调查判定塔邦女士自然死亡，而窒息很可能是由癫痫发作所致。法院后来裁决，尽管不能排除催眠引发其死亡的可能性，但要推翻自然死亡的鉴定没有充分的证据。这场灾难的副产品是它促使英国政府对舞台催眠进行了重新审查，塔邦女士的母亲玛格丽特·哈珀在痛失爱女后成立了"反对舞台催眠"组织。

※ 如果催眠师在表演秀中植入的暗示在表演结束后没有彻底消除，就会产生一些问题

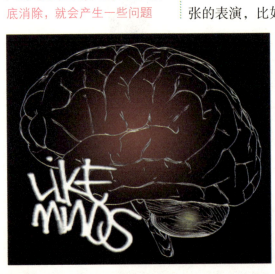

如果参与者进入深度催眠，按照指令做了一些夸张的表演，比如在舞台上学鸭子嘎嘎叫、扮演模仿歌星唱歌等表演，事后可能会觉得被人戏弄而愤怒、尴尬、不敢见人，这些人则需要心理辅导。1998年有一桩案例将舞台和电视催眠大师保罗·麦肯那牵扯了进去。这位催眠大师在英美等国都享有盛名。一位名叫克里斯多夫·盖茨的男子起诉了他，这是一位志愿参加保罗·麦肯那催眠舞台秀的人士。据他称，在参加了麦肯那的

一场表演后他患上了精神分裂症，因此将这
为催眠大师告上了法院。在英国这场催眠表
演中，盖茨被暗示自己能像芭蕾舞演员一样
跳舞、能学外星人讲话，并能通过一副特殊
的眼镜透视别人，还扮演公共汽车检票员和
彩票得主。然而，在演出之后，他被诊断出
患上了严重的精神分裂症，被送至医院住了
9天，他声称自己的性格发生了变化。但是
法庭判决盖茨败诉，他认为盖茨的疾病与参
加表演之间存在因果关系的"可能性实在很
小"，只是一个巧合而已。

※　被催眠的人

　　如果参与者是有精神病家族史或精神病史的人，
这类人被催眠，很有可能诱发精神病。如果参与者本
身的身心状况处于精神分裂边缘、情绪不稳定、有歇
斯底里症状，被催眠后，可能促使其病情恶化或诱
发幻想，有可能在催眠过程中失控。2001年，英国
的一场意义重大的法律诉讼就是由此引发的。一个
名为琳·豪沃思的女士成功把一位舞台催眠师告上了
法庭并取得胜诉。豪沃思女士来自于英格兰的西北
部，在舞台催眠师菲尔·代蒙的一次催眠秀中被催眠。
据说，在表演的过程中，在催眠师的暗示下，这位女
士回溯到自己的童年，并回忆起自己曾经被虐待的经
历。豪沃思女士说此后因为这种经历触动了她敏感的
神经，她一度患有抑郁症和自杀癖，并因此两次将
车撞向树以企图自杀，她的生活从此变得一塌糊涂。
最后法院判催眠师赔偿约1万美元给这位被催眠者。
早在1989年，英国政府就颁布了相关的职业原则，
规定舞台催眠师决不能使用年龄倒退法。菲尔·代

※ 被催眠的人

蒙也声称自己遵守了职业原则，并没有使用年龄倒退法，但是法官却坚持是他的不当暗示使豪沃思女士回溯到自己的童年，这构成了代蒙在此案中的过失。

常见的一种情形是催眠师植入的暗示在表演秀结束后没有彻底解除，而产生问题。

曾有一个这样的案例，一个病人每天疑神疑鬼，心绪不定，他去进行心理咨询，告诉医师说他被人跟踪，而且那人要害他，所以他每天忧心忡忡，茶饭不思，夜不能眠。医生在仔细检查后发现实际上并没有人跟踪他，所以医师认为这可能是精神病的前兆。然而除此之外，他并没有其他症状。医生很疑惑，经过多次面谈后，终于找出真相。原来是他曾经被催眠师催眠的后果，因为催眠师为了引发他的兴趣，对他暗示说有一只凶猛的黑狗从背后追他，后来这个指令没有完全解除，多年后，他就老以为有人跟踪他，以至于造成心理的困扰。因为参与催眠秀的观众很多，个体有差异，催眠师很难保证每个人的指令都能完全解除。有个年轻男子因在舞台催眠中把洋葱当作苹果吃过之后，由于指令没有完全接触，他开始吃洋葱上瘾，每天吃掉6个洋葱。经过了好几个月，他才戒掉了自己的"洋葱瘾"。

另外一种情形是，没有参与表演的观众。也有一部分是高催眠敏感度的人，他们很有可能在不知不觉中也接收到某些指令，甚至连自己都没有觉察到，催眠师更不可能照顾得到。

　　场上在忙着催眠表演，场下也有人在尝试催眠，结果触及到自己的"要害"和"痛处"，会变得情绪激动或号啕大哭等强烈的反应。

　　如果催眠表演的内容被全程转播，那么某些容易进入催眠状态特质的人，很可能随着表演一同被催眠了。而且电视机前的观众，并无法得到催眠秀中表演者解除催眠的指令，很可能造成一些意外事件发生。全世界有 12 个国家，命令禁止催眠秀的全程播出，可见其中隐藏的危险性。

　　其实，英国 1952 年的催眠法案授权地方政府颁发公众娱乐执照时应采取适当的限制，合理的管理催眠表演，该法案还规定不得对 21 周岁以下的人进行催眠，这也是历史上唯一有关催眠限制的法律限制，可惜该法生效的时间并不长。

　　只要催眠师遵守有关自愿观众的安全和健康方面的职业准则，就根本不需要担心会发生不良后果。根据该准则，催眠表演师必须尊重其催眠对象，并保证在催眠表演结束时取消对其所施加的催眠后暗示。尊重观众是舞台催眠师的首要准则，参加催眠的观众的安全和健康高于一切。

　　大家在了解催眠的背后潜在的危险性后，在看催眠秀过程当中，就应该注意安全，懂得如何保护自己。

PART8

第 8 章

催眠的妙处

催眠术真的如此神奇吗？可以帮助警察破案、帮助盗匪作案吗？想再年轻一些，它真的能让时间倒流吗？它真的可以让人忘却伤心之事，让人看到自己的前世今生吗？

警察的"帮手" >>

JINGCHA DE BANGSHOU

几千年前，中国人发明了火药。有人觉得火药是一项伟大的发明，为人们提供了方便；也有人觉得火药给人们带来了灾难，比如火药在战争中的运用。当然，这两种说法各有自己的道理，关键是这种技术掌握在什么人手上，运用在哪里。催眠术亦如此。

在网上搜索"催眠"一词，内容不仅仅是与治疗疾病有关，有时候，也和"犯罪"这个词挂上钩，催眠也可以被犯罪分子所用？答案是肯定的，这也使"催眠术"变得神奇而诡秘。

人被催眠之后就进入了一种似睡非睡的状态，这时除了能听到催眠师的声音外，对外界声音往往不是那么敏感。此时，被催眠者受暗示的能力特别强。在催眠状态里，人有一种远离现实感和游荡在忘我恍惚的主观境界里的感受，把别人给予的暗示在他们心中主观地作为事实接受。正因为催眠术有这样神奇的作用，近年来催眠术犯罪在世界各国都有所闻，成为社会治安的一大隐患。作为一门专业技术，催眠术一旦被滥用，其危害是不可低估的。

在西方国家中，经常可以看到利用催眠术进行性犯罪、盗窃活动、伤害他人等的案例。

如果催眠师的道德品质不良，他们就有可能利用受术者的深度催眠状态进行违法犯罪活动。在这种状态下进行巧妙的催眠后暗示，受术者在觉醒后会毫不犹豫地去执行，并且全不知晓是谁指使他（她）这么做的。催眠术犯罪中最经典的一个就是德国的"海德堡案"，在《催眠状态中的犯罪》一书中，麦尔医生就完整地记录了这起催眠犯罪。这个事件中的主犯精通高级催眠技术，他给了被害人一些两人专用的"密语""关键数字"。只要被害人一听到或见到这些密语和数字，就会很快陷入很深的催眠状态，失去自己的意志和意识。同时，罪犯还暗示被害人醒来之后要忘记所发生的一切。罪犯不仅长期占有受害人，而且牟取了大量钱财。当发现犯罪事实要暴露时候，又指示这名女子去枪杀自己的丈夫。由于罪犯催眠手法的巧妙、复杂，使得破案过程相当艰难，麦尔医生花了19个月的时间才将罪犯绳之以法。

在电影《双雄》中，郑伊健和戴着手铐的黎明

※ 海德堡。催眠术犯罪中最经典的一个就是德国的"海德堡案"

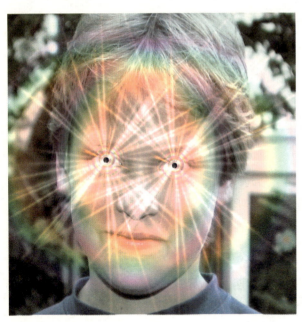

拉了几句家常，他的意识就被黎明控制了，而且还依据黎明发出的指令，站起身去开一个保险柜，并主动将里面的钻石交给了黎明！事后郑伊健都不知道自己为什么会那么做。能够在不知不觉中催眠别人，不是一件容易的事情，世界上能达到这个程度的催眠师少之又少。

据澳大利亚《悉尼先驱晨报》报道，一名银行劫匪日前竟然使用"催眠大法"将银行出纳员弄迷糊，劫走了至少3.9万美元的现金。这名让摩尔多瓦各家银行闻风色变的"催眠大盗"名叫弗拉迪米尔·科扎克，现年49岁，是一名功力深厚的催眠师。2005年10月起科扎克竟然利用他的催眠术，在摩尔多瓦首都基希纳乌市干起了抢劫银行的勾当。据悉，每当科扎克走进当地一家银行后，他会先友好地和空闲的银行出纳员进行交谈。等两人的眼神互相接触后，科扎克就会立即施展出他的"催眠大法"，银行出纳员的眼神只要和科扎克对上，就无法离开，仿佛被一种巨大的魔力吸引住一般。在科扎克的眼神和语音控制下，渐渐进入了朦胧的催眠状态。一旦银行出纳员被催眠，科扎克就会发出命令，要他将柜台内的全部现金都取出来交给自己。然而，银行出纳员绝对没有任何反抗之力，会乖乖地将全部现金双手奉上。

据悉，在短短几周时间中，科扎克成功催眠了当

※ 陷入幻觉的小男孩。如果不幸遭遇正在利用催眠术实施犯罪的犯罪分子，没有强大的自我控制力，很容易在与对方眼神接触时被对方催眠

地数家银行中的 6 名出纳员，至少劫走了 3.9 万美元的钱款。据一名受害出纳员对警方称，当她的眼神和科扎克的眼神对上后，就感到神智开始迷糊，再也不受自己控制，开始听从该男子发出的每一道命令。事后，警方甚至向银行员工和安全官员发出警告：发现科扎克不要尝试自己逮捕他，以防银行保安不但不能逮捕他，反倒在他的催眠下失去抵抗力。

不过，能将催眠术运用到如此登峰造极的地步，非一般人能做到。

许多催眠犯罪会借用一些药物，例如"阿米妥那"等麻醉药，将受害者导入意识模糊的状态，然后进一步实施催眠术。我们常听说，某个人喝了别人的一瓶饮料或抽了别人递来的烟，会主动把自己的钱物拿出来或者领着犯罪嫌疑人去银行直接提款，并把钱交由犯罪嫌疑人。姑且不论这里面有没有用麻醉药，有没有用到催眠，但是里面至少有许多催眠的机理。

催眠犯罪中，实施者一般不会直接命令对方做事，因为受害者对违背意愿和伦理道理的暗示也会抵抗，甚至清醒过来。所以催眠师需要创造一个受害者不得不做某事的场景，换一种方式诱导。

目前国内对于使用催眠犯罪的嫌疑人还不能用快速有效的方法找到证据，证明其利用催眠进行犯罪。因为在犯罪过程中，犯罪嫌疑人完全没有直接指示受害人做出违法的行为，仅仅只是做

※ 催眠术也可以用来破案

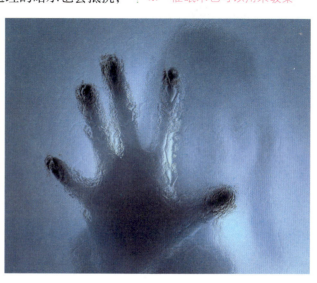

※ 美国联邦法院。1983 年，美国联邦法院与催眠有了第一次亲密接触

了一个诱导。于是，这类案件的侦破，往往会变成两个催眠师之间的战斗，过程充满复杂性和技巧性，但一般来说，水平比较低的催眠师想破解水平高的催眠师所做的暗示是比较困难的。

催眠术可以用来犯罪，当然也可以用来破案。

1983 年 7 月 3 日，美国阿肯色州发生了一起案件，因为催眠的介入让本该平淡无奇的审判也变得复杂起来。司法与催眠终于有了它们的第一次亲密接触。手枪走火导致妻子误杀了丈夫，在惊慌的状态下，妻子无法详细回忆并叙述枪击过程的细节。为了恢复她的记忆，辩护律师于是建议采用催眠的方法来采集证据。在一名心理医生的帮助下，这位被告两次被催眠，在此过程中都做了录音。虽然她在处于被催眠的状态下没有说出任何新的信息，但在催眠后却能回忆起枪击发生之时，其拇指只是按住枪的击捶，而没有将手指放在枪的扳机内。当丈夫抓住她的手臂时，枪支失控而走火。依照被告在催眠后回忆中的供述，警方对涉案的枪支进行了检验，结果发现该枪确有缺陷，当受到撞击时，未扣扳机也会有击发的可能。

根据该州制的法律，任何被告在审判中经由催眠恢复记忆所得到的证言都将禁止作为证据使用。该案在一审审理中，检察官得知被告曾运用催眠取得对其有利的证言，主张该项证言应予排除。经陪审团裁决，被告被判无预谋故意杀人罪。案件最后转到了美国联邦最高法院。操持司法权柄的几个老人撤销了原判决并发回重审。最高法院的法官们认为，按规定被告于审判中享有自行提出证据的宪法权利。联邦最高法院也确认，基于自白法则及沉默权的保障等正当法律程序，无论有无获得犯罪嫌疑人的同意，侦查机关将嫌疑人催眠进而实施讯问，均不能算是合法的侦查讯问；催眠取得的证据，也不具有刑事程序上的证据效力。但是，以催眠询问犯罪嫌疑人之外的第三人，并以此获取侦查线索的尝试则不能全部予以禁止。

催眠第一案在大洋彼岸虽然尘埃落定已久，但有关催眠在司法中的应用却争议不绝。魔高一尺，道高一丈。警方也会用催眠术对付犯罪分子。利用催眠术来协助司法破案，以侦破隐匿很深的秘密，这已经有较长的历史了。至于采用催眠术进行侦破的法律限度以及是否侵犯人权暂不讨论。催眠手段获取的资料虽然不能作为司法依据，但至少能为进一步侦破案件提供线索。

畏罪、恐惧、侥幸心理是犯人的一种普遍心理。犯罪嫌疑人往往拒绝交代自己的犯罪事实，或者转移视线，避重就轻。这在很多无直接证人或证据的情况下，给案件的侦破工作增添了难度。突破心理防线、解除顾虑和打消对立情绪就成了审讯成功与否的关键。而利用催眠术可以首先帮助受术者消除畏罪、侥幸和恐惧的心理。催眠状态就是"无抵抗"的潜意识状态，在催眠状态下，解除了对立情绪，在暗示指令下详细地交代事实的真相，这些真相往往是犯人在清醒状态下绝不供认的。

有一个这样的案例，有个年轻人，杀了自己好朋友投案自首。这两个年轻人，从小就是莫逆之交，从来没有红过脸、吵过架。自首后，警方问他的杀人动机，他只是说"我恨他"，其余情况一概缄口不说。在拘

※ 被监禁的犯罪嫌疑人。利用催眠术可以使犯人消除畏罪、侥幸和恐惧的心理

※ 运用催眠术，可分析犯罪心理产生的基础、原因，揭开深层的心理结构，为有效控制犯罪提供参考，为侦破其他案件提供经验

禁中他甚至几次自杀。案情多次被耽搁，毫无进展。

为了弄清案情的真相，司法机关对这个青年人实行了催眠。在催眠状态下，这个青年人详细地说出了杀人的动机。原来，这两个青年人都爱上了一位姑娘，年轻人的好友无论从外貌上，还是从能力才干上都略胜一筹。年轻人经过不懈的努力，最终赢得了姑娘的芳心，并顺利结婚。不过，他一直担心姑娘会抛弃他而爱上自己的好友，所以整天疑神疑鬼。有一次，他出差回来，正碰上妻子和自己的那位好友一块儿坐家里聊天。于是顿生疑团，又见妻子说话吞吞吐吐，面色十分尴尬，断定其中必有奸情。第二天，他就闯进朋友的宿舍，二话不说杀了他。事后，他才知道他的朋友和妻子并没有想象中的那种关系……

当然在这种状态下说出的犯罪事实还不能作为判罪的客观依据，但它为侦破案件提供了线索，成为突破案件的"缺口"。同时，一个犯罪行为是受复杂的心理所支配的，运用催眠术，可分析犯罪心理产生的基础、原因，揭开深层的心理结构，为有效控制犯罪提供参考，为侦破其他案件提供经验。

实际上，催眠术在司法侦破中的应用并不仅仅针对被告，它也可以用于案中的证人乃至办案人员。可以说，催眠术可以从各种角度协助司法侦查的顺利开展。

前面提到了以催眠询问犯罪嫌疑人之外的第三人。有这样一种情况，在侦查工作中，证人虽然愿意提供线索，但是由于种种原因的顾忌，或是由于当时没有注意，或是由于潜在的恐惧心理，怕亲人朋友受到牵连，或惮于外界的种种压力，他对于案犯的特征（身高、外貌、衣着）和案件细节怎么也记不清了。这时，采取催眠术来使证人获得平静的心绪，

※ 催眠方法可以帮助司法工作者判定犯罪嫌疑人是否有精神病

※ 加利福尼亚州首开利用催眠术用于刑事侦查先例

清除他的种种顾虑，排除外界的形形色色的干扰，这样被遗忘的东西就可能重新浮现在证人的脑海中。

加利福尼亚州乔奇拉镇26个小学生及一位大客车司机被绑架一案开了催眠术用于刑事侦查先例。

在美国加利福尼亚州，有一载着学童的巴士遭人绑架。16个小时后巴士司机及学童幸运逃出，但无一人能提出有益线索帮助警察破案。警察对巴士的司机催眠，经催眠后司机回想起绑匪所驾驶汽车的车号。除了一个号码未想出外，其余号码全部记得。警察根据此汽车牌照号码破案逮捕绑匪，二个嫌疑犯被捕，并被认定犯有绑架罪。

被催眠者在清醒时，对某些陈年旧事往往难以清楚地回忆，但在催眠状态下却可以进行回忆，如被询问及往事，他能一一陈述，俨然回到事情发生之时。

一名女子进商场购物，而正在此时，商场刚发生了一起抢劫案，持枪歹徒抢劫得手后从商场逃出时与这名女子擦肩而过。警方赶到后，寻找目击者，群众指认，这名女子与歹徒"相距最近"，警方便要求她回忆一下歹徒的长相。然而，该女子却因一心购买物品，对擦肩而过的男子根本没有半点印象。案件一时陷入僵局，为寻求突破口，警方只得求助催眠师。

催眠师将该女子催眠后，女子在催眠师的提示下回到了当天购物的商场，她匆匆走进商场，看到很多人向她涌来。进门时，她看到一个年约24岁的男子，神色慌张地向她跑来，他穿着蓝色衬衣，脸形偏瘦……警方根据她在催眠状态下的描述画像，圈定犯罪嫌疑人，并很快将歹徒抓获。

该女子进商场时，实际上，她眼睛的余光已看到了周围的一切。由于她的注意力集中在购物上，所以对周围人的记忆很弱很弱，以致在正常状态下回忆不起来。被催眠后，她被再次带入现场，催眠师暗示她将注意力集中在了周围人的身上，所以，她很轻松地回忆起了周围人的模样。

在司法工作中有时会碰到精神病人犯罪的问题。精神是否正常，有无责任能力，这不应是依照本人的自认而定，而是应该依据精神病学上的判定。而利用催眠方法，可以帮助判定被告人的精神状态是否正常，提供给精神科医生做进一步检查，最后判定其责任能力。

比如，有一个杀人犯被拘留后，在审查中，公安机关发现他杀人动机不明确，而且精神呆滞，语言混乱，怀疑其有精神病，于是公安机关对他进行了麻醉药物催眠。在催眠状态下，犯人说出了他杀人的原因，原来是他总听到那人在他窗外骂他，甚至还要毒死他，他决定先下手为强，于是杀了那个人。后来，又证实此人确有幻听、幻视，缺乏自知力，诊断为精神分裂症，属于精神病态作案，最后判定无责任能力。

在司法侦破上，催眠术的运用有一定的局限性，并不是无所不能，但是不得不说催眠术的好助手身份是不容忽视的。

※ 催眠大师

返老还童 >>

FANLAO HUANTONG

※ 德国精神病学家克拉夫特·埃宾

※ 催眠可以让人回到童年

美国有个叫马尔库斯的博士在其著作《催眠：事实与虚构》中讲述了这么一件事。

有个囚犯因为遗产的事需要找到他的母亲，但是他从小就离开家乡了，结果怎么也想不起来家乡在哪里。于是，医生将他催眠，让他回到小时候的状态。但他还是想不起来，不过这个囚犯却想起来小时候搭过火车。医生就叫他回想站上播音器报站的声音，于是在催眠的诱导下，小站站名的发音浮现脑海，可惜叫这个名字的站全美有六个。不料囚犯又想起来家乡小镇上一个家族的姓，结果就是这站名和姓，让他最终找到了母亲。

其实早在1889年，德国精神病学家克拉夫特·埃宾就发现，一个人在催眠状态下会出现年龄倒退的现象。

"从现在起，我让你一年一年地回到儿童时代，现在我开始击掌，我拍一次掌，时光会渐渐地倒退，你就年轻一岁，你就能回忆起这一年的经历，并且你能记住某些细节，你努力回忆吧！……好，请你告诉我，你几岁了？"用这种催眠方法，可使受术者返回到幼儿时期，大多数受术者可表现为儿童才有的幼稚行为。施术者接着从受术者现在的年龄，开始一岁一岁的向后倒数，直至数到所确定的年龄为止。如果施术者数到受术者现在是4岁时，受术者就会表现出4岁儿童的动作、语气。年已36岁的受术者在回答催眠师问题时，学着幼童稚嫩的声音，并伸出四个手指，回答道："四岁。"神情、手势与儿童无异！当要求他画画时，他所画的画完全是四岁小孩子的水平。

埃宾指出，当人处在催眠状态时，如果催眠师暗示他处在比实际年龄更小的年龄阶段，他就会在兴趣、动机、语调、动作等方面表现出与实际年龄相符合的特点来。当催眠师暗示受术者越来越小，越来越年轻，回到了小学一年级的时候，这些受术者会像很乖地坐在教室里，他们的表现如同一个天真的小学一年级孩子，说话的声音和方式都发生变化。当要求他们写下自己名字的时候，他们的字体会像孩子一样歪歪扭扭。

日本有一个学者曾经做过一个实验，他在使一个18岁的青年的年龄"倒退"到4岁时间："你几岁？"受术者回答："我4岁。"再将受术者的年龄"倒退"到刚出生时，受术者的手脚开始收缩，身体好像要变小的样子。施术者说："你肚子饿了，你要吃奶。"受术者就像婴儿似地大哭起来，嘴巴还会做出吮吸乳汁的动作。

研究者也利用公认的生理现象做过其他一些实验。例如，当一个正常人的脚掌被搔痒时，他的脚趾会自动往下弯，婴儿诞生后的七个月内，脚掌受到抚摸时，脚的大拇指会往上翘，这是生理学界公认的一个自然现象。在实验中，不知情的受术者在"年龄倒退"至四五个月大的婴儿时期时，他们的脚掌受到抚摸后会往上翘。如果把这些受术者催眠回溯到一岁左右，然后让他们从椅子上摔下来，而他们摔下的时候就像婴儿一样，直挺挺地摔下来，一点没有

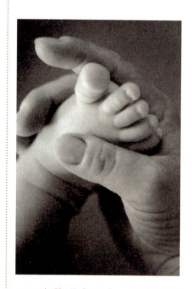

※ 在催眠实验中，受术者在"年龄倒退"至四五个月大的婴儿时期时，他们的脚掌受到抚摸后也会和婴儿的一样往上翘

伸手脚的动作出现。如果是成年人或年长点的孩子，在摔下来时会有反射动作，一般会用伸展手脚来保护自己的躯体。

不过，被催眠者表现出来的婴幼儿时期的人格，是否是装出来的？

对于在催眠中出现年龄倒退现象的原因，说法不一。有的说是真倒退，有的认为是假装的，是为了顺从催眠师的心意。有位催眠师让一位40多岁的男性年龄倒退到6岁。对他说："这里是幼儿园，每个小朋友都要表演一个节目，你唱一首歌吧。"结果，受术者并没有唱起他童年时代所唱的歌，而是唱了一首他女儿（正在幼儿园）所经常唱的一首歌。这首歌在他的童年时期是没有的。由此可知，这位受术者是于无意识中自行采取了符合催眠师所暗示的年龄和这一年龄所特有的思想与行动。换言之，这种年龄倒退，并不是让受术者回到往昔，而是与人格转换一样，采取了某一种"角色行为"的表现。

催眠研究者为了探索"年龄倒退"的真假，曾经做了大量的研究，设计出许多测试方法。如设计些受术者小时候发生的问题，再加上一些近几年来发生的事情，把一个40岁的人催眠回溯到8岁。如果他能回答出近年来才发生的问题，那可以判断其行为是伪装或是假象。当然，这并不是说他们在故意愚弄研究人员，而是他们通常并不清楚自己应该怎么表现，是相信自己真正返回了过去的时代（而对这以后的事情一无所知）？

※ 玩耍的儿童。在年龄退行现象出现之后，被催眠者的智力通常相当于成熟儿童的智力

还是要尽可能表现出真正处于那一年龄时的状态（但实际上自己也不知道是否回到了那个年龄）？

有研究表明，年龄退行表现并不总是与年龄相当。用智力实验来测试年龄退行表现，结论是：在年龄退行现象出现之后，被催眠者的智力低于其实际年龄时的智力，但与所返回的年龄仍不相符，通常相当于成熟儿童的智力。

不过，年龄倒退法是催眠治疗中进行精神分析的有效方法。

当病人处于催眠状态时，催眠师可以使用年龄倒退法来进一步对他们进行催眠。你设法使病人进入催眠状态，并使他们回忆起他们过去所经历过的事情，使他们想起他们希望回忆起来的时间和地点。当他们进行回忆的时候，要设法使他们忘记现在的一切东西，使他们感觉过去发生过的事情就是现实世界中正在发生的事情。只有这样，他们才可能彻底进入催眠状态，并且彻底地回忆起过去所发生的一切。

有一个这样的案例，患者为一位28岁的男性，来诊时脸色苍白，体质虚弱，一双深而大的眼睛时时露出恐惧不安。据家属反映，病人的症状持续了一年多，进食极少，时常觉得咽部有梗塞感，并伴有泛酸、胀气、恶心等症状。经医院检查只是普通胃炎，但是患者坚持自己患有晚期癌症，并整日忧心忡忡、惶恐不安。医生在深度催眠下，给予逐年年龄倒退，找寻他的一些过去的经历，找出对其现在有影响的事件或情境。果然，年龄倒退至7岁时，患者回忆起发病的起因和具体表现。原来患者的爷爷那年过世了，临去世时候牵过患

※ 利用年龄倒退，回溯一段当年不堪面对的经历，得到新的成长和体验，释放被压抑的情绪，让生命如水一样轻轻流淌

者的手，让他误以为爷爷要带他走。找出问题的来源，经过几次催眠后，患者的心理问题自然解决了。

1989年，英国政府就规定舞台催眠师绝不能用年龄倒退催眠法。曾经就有过一个被性侵犯过的女生在进行年龄倒退催眠时，催眠师未及时进行暗示改变而导致情绪失控，多次自杀未遂。年龄倒退的方法对她就不适应，那等于使她又被侵犯一次，结果适得其反。

在美国加州发生一件这样的案子，名叫荷莉的女子因为厌食症求医。医生告诉荷莉，百分之八十的厌食症是因为患者小时候受过性侵犯。医生用催眠药催眠荷莉，运用年龄倒退法进行暗示。荷莉在催眠状态下回忆起五到八岁时被父亲多次骚扰的事情。催眠后的第二天，荷莉开始指控父亲。父亲觉得莫明其妙，一状告到法院，控告医生催眠他的女儿，将乱伦的想法输入她脑中。因为那个时候荷莉一直跟随母亲在一起生活，根本见不到父亲的面。法院举行了听证会，哈佛大学的厌食症专家说儿童期遭到的性骚扰与厌食症的发展没有关系，宾夕法尼亚

州大学的心理系教授则认为催眠不具确定真相的功能。结果是法庭判两位医生"无恶意，但确有疏忽"，赔偿这位父亲 50 万美元。

　　研究很多，争议很多，冲突也很多，关于年龄倒退的实质和理论依然没有水落石出。所幸的是，"年龄倒退"的治疗效果被更多的人所接受，"年龄倒退"作为心理咨询技术的确有效。

　　找出出现问题的年龄阶段，回溯一段当年不堪面对的经历，得到新的成长和体验，没有那么多压抑的情绪，没有那么多歪曲的认知，没有那么多掩盖与防卫，让生命如水一样轻轻流淌，不也算"返老还童"吗？

※　《返老还童》

我看见的 >>

WO KANJIAN DE

心理学研究发现，有20%的人接受心理暗示能力较强，这些人能很快地对某种感兴趣的事物产生幻觉。

有一个很机灵的小女孩儿，她的父母经常为家庭琐事吵架。起初，她采取哭的办法阻止父母吵架。后来时间一长，这一招不再奏效，小女孩儿又想出了另一个办法，父母一吵架，她就嚷着肚子疼。这一招可是屡试不爽，疼爱女儿的父母马上停止吵架，开始关心她。实际上她的肚子疼不是真的，而是让父母停止吵架的"杀手锏"。

由于经常这样暗示自己，后来小女孩儿真感觉到肚子疼，而且疼得要命。父母带她去医院检查，就是查不出什么毛病。医生了解了她的情况后，认为这是一种心理疾病，是长期在紧张和恐惧的状态下由于心理暗示造成的幻觉。

于是大夫就告诉她，你肚子疼是因为肚里有虫子，你吃两个大苹果，把虫子拉下来就不疼了。大夫就让她站在雪白的墙壁前，告诉她，这里有一片苹果林，上面结着又红又大的苹果；树林的上面是蓝天白云，下面是潺潺的流水。问她看见没有，小女孩儿说没有看见。大夫就在她耳边用轻柔的声音、美丽的语言一遍一遍地给她渲染这种气氛。在这种强烈暗示下，小女孩儿终于"看到"了大夫给她描绘的场面，看见了蓝天白云、潺潺的流水和又红又大的苹果。大夫让她把苹果"吃"下去，她就"津津有味"地"吃"掉了。后来她解了手，大夫告诉她虫子已经拉出来了，肚子以后不会再疼。她真的感到肚子一点儿也不疼了。

大夫说，他采用的是"以其人之道，还治其人之身"的治疗方法。小女孩儿原先的幻觉是在恐惧心理状态下产生的，现在必须消除她的恐惧和紧张，让她在轻松愉快的环境中进入另一种幻觉。消除了这种不良心理以后，医生再从幻觉中把她领出来。

日本名古屋大学环境研究所的杉木助教做过一个实验。他将一名大学生关在隔音室里4小时，这个隔音室的内壁用隔音材料做成，屋内一片漆黑，伸手不见五指，除了单调的换气扇的声音，其他的声音一概听不见。该大学生在黑暗中吃东西，在黑暗中大小便，在黑暗中休息，他在屋内用麦克风与外界联系。

※ 接受心理暗示能力较强的人很容易产生幻觉

两个半小时后，他报告："听到天花板有声响。"四小时十分钟后，他报告说："看到花或看到一张侧面的脸。"二十三小时十二分后，他报告说："听到大型喷射炸声。"其实，这完全是幻觉。

为何有这种现象出现呢？这是人脑的潜意识的

作用。来自外界客观事物的刺激通过视觉、听觉、触觉、味觉、嗅觉等感觉器官传导到大脑，使大脑保持着正常运行状态。如果把外界的刺激人为地除掉，人的潜意识就会像沉在大海里的冰山一样浮出水面，即到达意识领域。深度催眠状态中的幻觉现象是暗示诱导的结果。在深度催眠状态下，受术者与外界暂时隔离，置身单调的环境中，脑的活动会衰退，他的大脑只受施术者的暗示，在施术者的暗示诱导下，幻觉就出现了。

在深度催眠状态下，幻觉会出现在受术者的各种感觉之中，最常见的是视觉幻觉。比如，一个处于被催眠状态的人以为他在和自己崇拜的偶像握手，会兴奋激动不已；或者以为自己的衣服破了一个大洞，显出一副难为情的表情。舞台催眠秀最善于利用催眠幻觉让观众做一些让人捧腹大笑的事情。

催眠状态下，幻觉分为两种——正性幻觉和负性幻觉。所谓"正性幻觉"是指让被催眠者知觉到客观上并不存在的东西，如闻到并不存在的香味，听到并不存在的声音等；"负性幻觉"则是指让被催眠者把本来实际存在的东西当作不存在。

正性幻觉就是把不存在的东西看成是存在的。

例如，催眠师对已被催眠的人说："你心爱的人来了。"被催眠者接受了这个语言暗示之后，他会立即做出亲吻、拥抱的动作。其实，他所使劲拥抱、亲吻的只是你随手递给他的一个枕头或一个玩具。催眠师暗示"现在我要把你从催眠状态中唤醒，在你醒来后，我要敲打桌子，你就会在桌子上发现一只苹果"，被催眠者醒来后果真在桌子上发现一只苹果。催眠师说："我现在很想吃这个苹果，你替我把皮削掉。"被催眠者会从桌子拿起这个并不存在的苹果，特别认真地做起削苹果的动作来。

第六级催眠深度是舞台秀催眠师的最爱，它的特色是会产生"视若无睹"的负性幻觉。负性幻觉是把存在的当成了不存在。眼前明明是一堵墙，但只要对进入催眠状态的人说："这堵墙是不存在的，人可以走过去。"那么，他就真的看不见这堵墙了，将会径直走过去。

※ 第六级催眠深度会产生"视若无睹"的负性幻觉。被催眠者会把存在的当成不存在的

有个这样的案例，催眠师给三个受术者进行第六级催眠，下指令说："等一下当我请你睁开眼睛之后，我会问你：现在几点钟？你会去看你的手表，可是你会发现手表不见了，然后你想找室内的其他钟表，你也都看不见。"三个受术者手上都带着手表，而且房间里也有一个大大的挂钟。

三位受术者慢慢睁开眼睛，很明显，由于处于深度催眠状态下，他们的眼神与表情都令人感觉到恍惚迷离。催眠师问："看

看你的手表，告诉我现在几点了？"

第一位受术者缓缓偏过头来抬手看看表，才瞧了一眼就说："不知道。"然后抬头东张西望了几下，又说："老师，你这儿都没有时钟。"这是标准反应，她完全看不见时钟与手表。

第二位受术者则露出非常疑惑的表情看着手腕，她说："老师，我知道手表就在手上，可是它不听话，它会乱跑！跟我捉迷藏呢！"

第三位受术者则非常干脆地看了看手表就放下，还闭上了眼睛，过了一会儿竟然回答说："老师，我有老花眼，眼前都是雾，所以看不见！"其实，他的视力完全正常，被催眠前还给大家念过讲义。

※　催眠术是一种心理调整术

催眠状态下的幻觉在心理治疗中的应用也非常广泛，一般催眠师让受术者自由、逼真、放松地想象一些场景就可以达到治疗的效果！

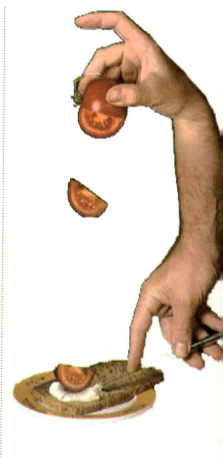

有一位在外地上学的大一女生，因为从小没有离开过家，来外地后不适应学校生活，所以特别恋家，尤其是想念自己的妈妈。这样一来，她整日烦躁不安，上课注意力不集中，到最后竟然食不甘味、夜不能寐。于是，她萌生了退学的念头。催眠师为她进行了心理疏导。在诱导进入催眠后，催眠师暗示他和这名女生一起乘火车回到她朝思暮想的家。不一会儿，她说已经看到了爸爸妈妈，两人对着她微笑。催眠师拿出一个枕头递给她，说："这是你日夜思念的妈妈，她现在在你身边了，给妈妈一个拥抱吧！"这位学生还真把枕头当成妈妈紧紧地抱住，并向它诉说着思念之情。过了一会儿，催眠师说："你已经见到妈妈了，妈妈希望你在学校一切都好，现在我们该回学校上课了。"她点头同意，等到把女学生唤醒，她的恋家情结已减轻不少了。自此以后，这位学生也能安心继续自己的学业了。

此外，运用催眠产生幻觉的方法也可以治疗患"相思病"的患者，疗效甚佳。大多数研究者认为，催眠暗示产生的知觉改变并非生理系统的改变，而只是一种生理功能的暂时改变。

PART9

第 9 章

挑战极限

这个世界多少人饱受病痛的折磨，催眠术能止痛，它也能给癌症患者带去希望吗？

自由选择爱人？ >>

ZIYOU XUANZE AIREN

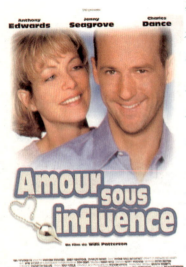

※ 电影《爱情催眠术》海报

英国有一部叫《爱情催眠术》的电影，主人公苏珊是个刚丧偶的寡妇，尚未从丈夫去世的阴影中走出。朋友们却积极地为她相亲，希望将她与牙医弗兰克配成对。她每次到弗兰克那里看牙时，弗兰克总要对苏珊进行一番催眠，然后给苏珊说一些要发生的事。事情总是那么巧，等苏珊醒来后，弗兰克说的事都会出现在现实生活中。

弗兰克视苏珊为理想对象，但他用尽了各种方法，却仍得不到苏珊的芳心。情急之下他决定用催眠术，让苏珊不知不觉地爱上他。弗兰克给苏珊实施催眠时说当晚会有一个风度翩翩的男士会出现在苏珊的面前，本来弗兰克想自己去赴会，没想到此时在前面却冒出了一个汤尼。汤尼是个运动心理治疗师，与苏珊在一场音乐会上巧遇，两人见面后竟擦出了爱情的火花。弗兰克的"爱情催眠术"，竟造成了出人意料的反效果！但是，苏珊到底是真的爱上了汤尼？还是受到了催眠术的影响呢？

有人在网上发帖子"我要学能让别人爱上我的催眠术""我爱上有夫之妇了，催眠术能让我如愿以偿吗"……国外的报纸杂志常常可以看见各种催眠广告，甚至有很夸张的标题"她不爱你吗？那你需要学催眠！"

　　催眠术可以帮人自由选择爱人吗？真的可以让一个反感你的人爱上你吗？催眠术有这么神奇的力量？这是很多青年男女关心的一个问题。

　　能够用催眠术给她（他）输入指令，让她（他）爱上我吗？答案是，有可能。如果你的催眠技术出神入化。如果对方十分信赖你，愿意接受你的催眠，你给她（他）输入指令，她（他）会爱上你。因为爱情来临往往是没有原因的，一个催眠指令植入潜意识，她可能也不知道为什么就对你产生爱意了；但你也要冒风险，万一这样的指令与她（他）潜意识里的想法是不一致的，她会心生抗拒，因而惊醒过来。就像《爱情催眠师》中苏珊找一个精神病博士咨询，才知道弗兰克的一番别有用心，最后弗兰克的命运可想而知。催眠是对人大脑暂时麻痹，使其有跟从

※　催眠师应当用催眠术来助人

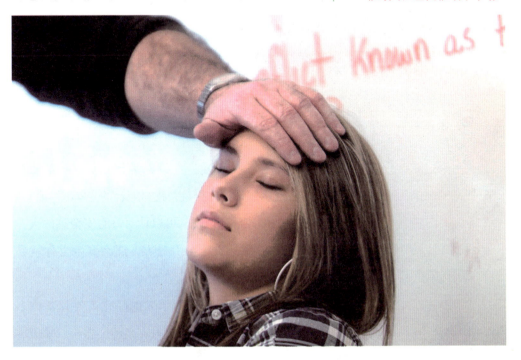

思维的一种方法，是不能从根本上改变什么的。当然也有这样的可能，催眠后，她（他）暂时爱上你，但是由于这违背了她的个人意愿，而会让她的潜意识产生许多困惑和问题。所以，作为一个有道义的催眠师不会为之。催眠师应当用催眠术来助人，以对方的利益为最高原则，不可为一己之私。但是也不是无原则地帮助人，特别是那些居心不良之人。这是专业伦理问题，也是对人的尊重——不要剥夺对方决定爱或不爱你的自由意志。

有时候爱情是可遇不可求的，不能任你呼之即来。它是浑然天成的，不加人工雕琢。有些人不想在自己的修为与实力上下功夫进步，去吸引异性，却想走捷径来控制爱情的发生，实在是又可笑又可气的。

如果你想要改变某人对你的看法，首先应该在自己身上找原因，别人不喜欢你什么地方？如果你觉得你的做法没有错，那我觉得你没有必要为别人改变什么，做自己好了，没有必要为了什么人改变自己的思想。如果确实是你自己做得不好，尽量地去改变这些，做到最好，那可能会从根本上解决问题，她（他）也会在心里真正地接受你，那不是很好吗？

其实，谈情说爱，本身就是相互"催眠"的过程，它遵从信任、放松、关注和配合的"催眠"原则。如果你是个让对方信任、可以让对方有安全感的人，而且你的内在品质很吸引对方，那么要她爱你就易如反掌了。

正常情况下要获得一个人的好感需要具备许多条件：身高、长相、人格魅力、兴趣、志向、学历、机缘等，不一而足。真正幸福完美的爱情婚姻更需要讲究双方性格的整体匹配。当爱情发生的时候，应该是水到渠成，不是勉强而来、欺骗而来、威胁而来、利诱而来。要让对方爱上你，最好的方式是让自己发光发亮，让自己有魅力，这才是关键。如果妄想着靠外力、靠神秘力量、靠催眠来让爱情迸发，这是会遭人嘲笑或批判的。催眠可以作为加固爱情基础的方法，使理想的爱情婚姻好上加好。

※　其实，谈情说爱本身就是相互"催眠"的过程

治疗癌症？ >>

ZHILIAO AIZHENG

※ 强大的心理意念可以帮助人们抗癌吗？

经常听说催眠可以用来治疗疾病，有经验的人将之说的活灵活现，让人油然生起"那太神奇了"的感觉；没有经验的人认为那是江湖术士骗人的伎俩，千万要小心上当。催眠真的能为人治病吗？答案是肯定的。一般而言，如果受术者能达到较深的催眠状态，对于躯体镇痛和一些心身疾病（如某些哮喘、神经性消化不良、高血压等）的躯体症状改善有较好的疗效。此外，在精神分析治疗时，对于早期经历的挖掘、自我意象的了解等领域，催眠术也是不错的方法。

催眠可以治疗好癌症这样的疑难杂症吗？

将催眠用于治疗癌症时，确实是有患乳癌的病人经催眠而被治愈的个案存在。在魏斯的《生命轮回》中，就有这样的案例。

有一位40多岁的妇女，被检查出右乳长了两颗恶性肿瘤，医生决定直接动手术切除。这位女士被突如其来的病情吓倒了，于是求助于魏斯医生。魏斯医生给她一卷录音带，让她回家去听，试图去缓解她的紧张心理。三天后，奇迹发生了，手术前的X片检查时，放射师发现肿瘤不见了。主刀医生始终不敢相信这个奇迹，倒是病人自行从手术台上下来径直回家了……

当然，这并不代表任何的癌症都能由催眠的治疗而痊愈。催眠治疗绝对不是治疗肿瘤的最主要方法，而是一种心理辅导、辅助治疗。因为它可以提升病患的心理状态，进一步增强身体机能，如此才有治愈癌症的奇迹发生。

为什么有的人会生癌，有的人却不生？为什么同样是癌症，有的人康复了，有的人却撒手而去？为什么没有希望的人出现了希望，有希望的人却没有了希望？是不是上帝对这些康复的人格外偏爱？答案其实很简单，这就是精神的神奇作用。

精神和水一样，既能载舟也能覆舟，精神能使你健康，也能使你不健康，只要你有信心、有毅力和勇气再加上科学的治疗，那么康复之光就离你不远了。

※ 精神和水一样，既能载舟也能覆舟

引起癌症的原因是多方面的，其中心理因素、精神状态与癌症的发生有一定的关系。科学研究发现，由于有害因素的作用及人体细胞的自然衰老，每个人到50岁的时候体内都有一个"癌病灶"（原发癌）。至于癌症最后是否发生，取决于很多促癌因素，不健康的心理因素和精神状态就是促癌因素之一。心理学家研究发现高度内向和高度外向的人都

※ 恐惧的女人

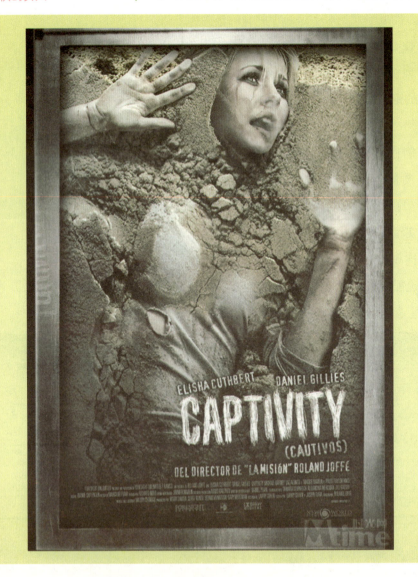

是"癌性格"，因为这两类人在遭受精神刺激或者负性生活事件时心理容易失衡，由此而产生种种负面情绪引起一系列的生理变化并容易成为癌症的诱因之一。

心理状态不仅影响癌症的发生，也影响了癌症的预后。人在得知自己患癌症后，往往因为自己被判了"死刑"，恐惧、焦虑、沮丧等负面情绪会油然而生。这些负面情绪会通过神经系统，抑制人体的各种机能，同时降低人体的免疫能力，使病情进一步恶化。恶化的病情又会加重病人的忧虑和绝望感，形成恶性循环。根据对癌症病人的调查，那些知道自己的病情后仍然保持乐观、积极、希望的心态的病人的生存概率和预后状况都远远好于悲观消极的病人。

很多心理疗法，如催眠术中的放松疗法、想象疗法、积极暗示疗法等就是很好的抗癌辅助疗法。想象疗法用于癌症的辅助治疗始于欧美国家，颇为流行。其秘诀在于它激发了患者的自信心，使患者由消极被动治疗转变为积极主动治疗。

催眠还可以降低一些癌症疗法的困难度，比如在化学疗法中运用催眠术，可以减少癌症患者经常产生的消极思想和怀疑。当然，催眠对癌症患者最大的帮助是减少疼痛、减少化学治疗的副作用、探索疾病的心理因素等，而这些是其他疗法所缺失的。

无论怎样，在为癌症患者进行治疗时，任何尽职尽责的催眠师都会确保患者已经进行了传统医学治疗法，并且会尽力用催眠疗法配合传统疗法。毕竟催眠术不是包治百病的疗法。

附录1：催眠术大事记 >>

FULU1:CUIMIANSHU DASHIJI

◆ 1774 年：奥地利维也纳的皇家天文学家、天主教牧师麦克斯米伦·海尔运用了催眠技巧和金属板。弗兰茨·麦斯麦借鉴了同样的技巧治愈了一位病人，从而发现了动物磁流。

◆ 1775 年：麦斯麦博士创立了"动物磁性说"，后改名为催眠。

◆ l784：麦斯麦的一个学生普赛格侯爵阿尔曼德 (Armand,Marquis de Puysegut) 发现了一种深度恍惚，并将其命名为梦游 (somnambulism)。

◆ 1821 年：第一个关于利用催眠在法国进行的无痛外科手术的报告出现。

◆ 19 世纪 30 年代：伦敦皇家医学暨外科手术协会主席约翰·伊利欧森 (John Ellctson) 宣称对催眠的信任看法，并且承认在患者进入恍惚状态时进行了 1,834 例外科手术。

◆ 1836 年：波士顿的一个男孩在催眠状态下拔掉了一颗牙。

◆ 19 世纪 40 年代：身在印度的英国医师詹姆士·伊斯岱使用麦斯麦术为众多患者实施了上百例重大手术，甚至包括截肢手术。

◆ 1840 年：磁性学会在新奥尔良成立，旨在研究催眠及其效果。

◆ 1841 年：一位苏格兰眼科兼内科医师詹姆士·布莱德观看了麦斯麦术的一场演示，后来利用其进行了无痛诊疗。

◆ 1842 年：布莱德将麦斯麦术重新命名为"催眠术"，并根据希腊语的"睡眠"一词发明了英文单词"睡眠"(Hypnos)。

◆ 1851 年：英国的"麦斯麦狂热"年度。

◆ 1883—1887 年：精神分析之父，西格蒙德·弗洛伊德 (Sigmund Freud) 开始对催眠感兴趣并进行实践。由于对催眠并不擅长，他转而研究精神分析。

◆ 1892 年：英国医学协会 (British Medical Association) 在报告中支持催眠术的医学应用。

◆ 1894 年：乔治·杜·莫里耶出版了小说《特里比》，小说中的大反派斯文加利影响了后世对催眠性质的理解。

◆ 1914 年：第一次世界大战爆发了。战争导致了大量心理疾病病例，精神病

医师稀缺，人们对催眠的兴趣再次被激发。

◆ 1925—1947 年：催眠学在牙科中的应用在美国愈来愈普遍。

◆ 20 世纪 30 年代：名噪一时的美国催眠学家米尔顿·艾瑞克森被誉为临床催眠学的权威人物；他是一位间接催眠大师。

◆ 1943 年：心理学教授乔治·埃斯塔布鲁克在出版的著作中宣称催眠可用于军事。

◆ 1950 年代：中央情报局利用催眠术审讯间谍和训练间谍。

◆ 1950 年："洗脑"一词开始使用。

◆ 1951 年：英国苏塞克斯郡 (Sussex) 发生了一个有记载的病例。梅森医生 (Dr. A. Mason) 运用催眠疗法治愈了一个男孩的鱼鳞癣皮肤病，这使催眠术的医学用途得到接纳。

◆ 1952 年：英国颁布了催眠术法案 (Hypnotism Act)，允许舞台催眠师从业。

◆ 1955 年：英国医学学会认可了催眠术治疗一些疾病和减轻疼痛的用途。

◆ 1962 年：英国印第安纳波利斯在催眠状态下进行了一例大脑手术。

◆ 1968 年：英国外科及牙科催眠师协会成立，独立于外科医生及牙科医生。

◆ 1973 年：在英国成立了国家催眠理事会。

◆ 1978 年：心理学和超心理学会成立，后改为催眠和超心理学会，是建在美国和英国的一个民间非营利性组织。

◆ 1982 年：高级催眠治疗协会及 Atnkison—Ball 催眠疗法学院成立。

◆ 1983 年：Proudfoot 催眠学院成立。

◆ 1984 年：伦敦临床催眠学院和不列颠临床催眠治疗师协会成立。

◆ 1989—1990 年：催眠与超心理学协会升级为心理压力调节协会及学院。

◆ 1991 年：成立商业性的 PSI 服务公司为患者提供压力调节方法和催眠技术。

◆ 1993 年：美国精神病学会警告说：在包括催眠在内的治疗中恢复的记忆有可能是虚假的。

◆ 1994 年：英国议会就塔芭恩事件和其他催眠事件进行了辩论。政府允诺重新审议 1952 年的催眠法案。

◆ 1995 年：国家催眠治疗协会在英国成立。

◆ 1997 年：查利博士建立了第一个有关催眠的网站，将催眠疗法进一步推广，并使大家认可。

◆ 2001 年：哈佛大学的研究结果表明人们在催眠状态中大脑活动确实发生变化，这证实了存在特别催眠状态的论点。

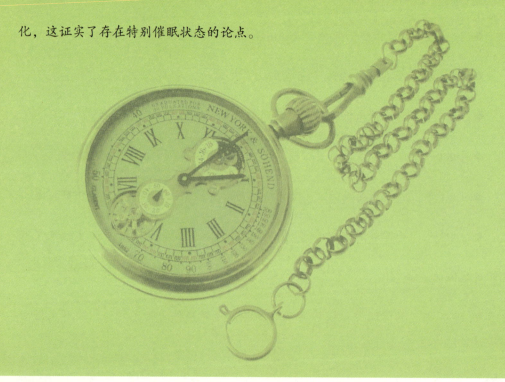

附录 2：催眠大师的故事 >>

FULU2:CUIMIAN DASHI DE GUSHI

1. 米尔顿·艾瑞克森——至今无人能逾越的高峰

精神科医师米尔顿·艾瑞克森 (Milton H.Erikson，1901—1980) 是美国百年来催眠治疗领域的泰斗，当代最具影响力的催眠治疗师，也是运用催眠快速处理心理问题的翘楚。他被公认为"有史以来最伟大的催眠治疗师"。

在 1923 年的一次讲座上，威斯康星大学的一位年轻的心理学专业学生对克拉克·赫尔的催眠术展示大为着迷。他后来将被催眠者拉到一旁，自己进行了亲身实验。催眠确实发生了作用。这名学生就是米尔顿·艾瑞克森，从此，他踏上征程，最终成为美国催眠学界的泰斗。

虽然没有师承名家，他自我锤炼而成为 20 世纪催眠界的领导人物，同时也是短期心理治疗的创始人。他既是研究者又是从业者，在长期职业生涯中对数千人实施了催眠。很多人主张，弗洛伊德的贡献在于治疗理论，艾瑞克森的贡献在于治疗实务。艾瑞克森发表在心理治疗文献的案例多过任何临床工作者；他所发明的技术多过任何一位执业医师，而且他还有一些发明至今仍然没有被清楚地阐释。他最为重要的观点之一是：无意识的心灵是自我治愈(self-healing)的无比强大的工具。他相信，我们每个人体内都蕴藏着自我帮助、自我修复的能力。

米尔顿－艾瑞克森在个人成长道路上跨越了无数障碍。虽然他在世大部分时间疾病缠身，但却出类拔萃，极具人格魅力，一直把催眠术用作治疗工具。他出生于内华达州的一个贫苦家庭，17岁时身患小儿麻痹症，行动大大受限，医生诊断说他永远失去了行走能力，但他凭借顽强抗争证实了医生论断的错误性。在以后的生命中，艾瑞克森受到病魔的一次又一次攻击，经历了小儿麻痹症的数次病变，但他一次又一次地进行抗争，最终在轮椅上逝世。他说，由于年轻时患病导致行动受限，他对肢体行动以及人们如何进行语言和非语言交流非常敏感，这使他更好地观察和理解病人的反应。除此之外，艾瑞克森还是色盲和音盲，他所遇到的麻烦不仅是生理方面。在事业早期，当时不相信催眠术的医学权威威胁要没收他的行医执照。一个有趣的野史记载说：他催眠了美国医学学会成员，并成功游说他们允许他保持执照。

艾瑞克森是举世闻名的天才催眠师，他为催眠取得了合法的地位，让催眠不再是"严肃的学术殿堂中的跳梁小丑"；他是全世界闻名的伟大医学催眠大师，因奇迹般地治好了那些被认为是"毫无希望"的病人而闻名遐迩。因而，他被认为是一位杰出的创新者，是彻底地颠覆传统，为催眠和心理治疗注入新的元素的催眠领袖；也是现代医疗催眠之父，在发展新的催眠诱导方式与应用上有非凡的创见。虽然他已去世 26 年，但在催眠领域至今仍然没有人能超越他。

有一些心理治疗师对于艾瑞克森的崇拜几近盲目，每个字、每个情绪、每个观点或动作都被视为具有某种启发意义。那些根植于对全知全能的斯待，将艾瑞克森奉若神明的治疗师，最后一定会导致幻灭；将艾瑞克森视为一位桀骜不驯的治疗师，认为他惊世骇俗的手法只是一时的流行，终究还是会被弃如敝屣，也同样是偏见。这些态度对于一个高度创意、富有想象力和原创的思维不甚公允，他确实对一些最棘手的，心理治疗问题演绎出一套全新的方法。艾瑞克森是一部惊人的"机器"，通过长期努力奋斗，驾驭他痛苦的身体残障。他的勇气、敏锐度、觉察力和独特的适应模式，使得他变成一位"不寻常的治疗师"。

然而，遗憾的是，他的方法综合了他"不寻常"的人格特质和操作风格，让一般的治疗师不容易移植、消化和运用。所以一般人要想学习他的催眠模式很困难。

2. 马修·史维——人类潜意识调整领域的最高权威

美国催眠大师马修·史维被认为是人类潜意识调整领域的最高权威，他也是目前公认的世界第一名催眠大师、人际沟通大师。马修·史维是世界 500 强企业争相聘请的销售咨询培训专家，他曾受聘于福特汽车、KFC、百事可乐等国际知名企业，担任顾问，辅导这些世界 500 强企业的高层管理人员和营销经理。

马修·史维是位完全白手起家的千万富翁。他出生于密歇根州的一个农场，他母亲必须要每天打三份工才能养活包括他在内的 10 个孩子，生活异常艰辛。从小在贫困的大家庭中长大的他很小就挑起生活的重担，7 岁开始上台表演魔术，10 岁起正式开始赚钱养家。马修在电视、秀场上使自己成为全世界最伟大的催眠大师，并以激发潜意识的力量，让许多人受惠。

马修·史维利用催眠的心理治疗技巧，帮助人们建立自信，深入了解自我，破除各种根深蒂固的习性，激活心灵扳机，解除制约行为，迎向积极的人生。

马修·史维把生命当做一个探险的旅程，强调"思想决定一切"；他配合每一主题，设计不同的实际练习，进行自我催眠，并融合佛家"开悟"的理念，实行自我改造；他强调"经验创造思想"。马修·史维说："我们的信仰（程序）创造我们的习惯，我们的习惯变成我们的生命。简而言之，经验—思想—信仰—习惯—生命，环环相扣，互为表里。生命中没有绝对，再深层的恶习或恐惧，甚至人际关系，皆能加以更改。举凡生活中的戒烟、减肥、感情、健康，甚至生活方式、原生家庭的影响、潜意识的心理障碍等；皆可完全修正过来。经验创造思想；当思想透过其他相似的确认程序被加强或重复时，就会变成一个信仰程序。我们的信仰创造我们的习惯，我们的习惯变成我们的生命。"